大宗工业固废环境风险评价

宁平　孙鑫　唐晓龙　周连碧　著

北　京

冶金工业出版社

2014

内 容 提 要

大宗工业固体废物环境监管责任重大,构建大宗工业固体废物污染源环境风险评价体系是建立固体废物管理技术体系的重要内容。本书根据大宗工业固体废物污染源的特点及其环境风险特性与评价要求,介绍了生命周期、安全检查表、概率风险、模糊逻辑和层次分析法的应用,并提出了对策性建议。

本书可供环境工程、固体废物管理、矿业工程管理等方面的科研和工程技术人员参考使用。

图书在版编目(CIP)数据

大宗工业固废环境风险评价/宁平等著 . —北京:冶金工业出版社,2014.7

ISBN 978-7-5024-6655-8

Ⅰ.①大… Ⅱ.①宁… Ⅲ.①工业固体废物—环境生态评价—风险评价—研究 Ⅳ.①X705

中国版本图书馆 CIP 数据核字(2014)第 156709 号

出 版 人 谭学余
地 址 北京市东城区嵩祝院北巷 39 号 邮编 100009 电话 (010)64027926
网 址 www.cnmip.com.cn 电子信箱 yjcbs@cnmip.com.cn
责任编辑 郭冬艳 美术编辑 彭子赫 版式设计 孙跃红
责任校对 王佳祺 责任印制 李玉山
ISBN 978-7-5024-6655-8
冶金工业出版社出版发行;各地新华书店经销;北京佳诚信缘彩印有限公司印刷
2014 年 7 月第 1 版,2014 年 7 月第 1 次印刷
169mm×239mm;8 印张;153 千字;119 页
30.00 元
冶金工业出版社 投稿电话 (010)64027932 投稿信箱 tougao@cnmip.com.cn
冶金工业出版社营销中心 电话 (010)64044283 传真 (010)64027893
冶金书店 地址 北京市东四西大街 46 号(100010) 电话 (010)65289081(兼传真)
冶金工业出版社天猫旗舰店 yjgy.tmall.com

(本书如有印装质量问题,本社营销中心负责退换)

前　言

　　随着中国工业的发展，工业固体废物无论从数量上还是从种类上都在迅速增多。同时，中国制造业、大量资源能源消耗的粗放型经济增长模式在短期内难以发生根本性的改变，导致正以"中国速度"高速增长的中国在未来十几年甚至几十年中，都会面临处理巨量工业固体废物的挑战。2012年，中国工业固体废物产生量高达32.9亿吨，比2000年的8.2亿吨增加了3.0倍，大宗工业固体废物在工业固体废物中的比例超过70%，其中尾矿11.0亿吨、赤泥5300万吨、磷石膏7000万吨。

　　大宗工业固体废物大量产生与堆放，不仅会造成土地浪费、资源浪费，还会带来潜在的环境风险。近年来，随着尾矿库事故频发，尤其是大宗工业固体废物污染源（尾矿库、渣场）对环境造成的危害日益显现，造成了许多无法挽回的损失，已经引起各级政府和群众的高度重视。大宗工业固体废物污染源（尾矿库、渣场）造成的环境影响范围广，涉及土壤、水、大气、生态平衡等诸多环境因素，不易定量化，且因素之间相互制约、相互影响。如尾矿砂成分复杂，易转化；土壤、水等因素相互影响、相互制约；风险高且存在随机性，与时间、雨量、自然灾害等诸多相关不确定因素联系紧密。

　　虽然环境风险评价方法较多，但目前尚未有一套完整的评价体系来评价典型大宗工业固体废物的尾矿库（渣场）环境风险。因此，迫切需要构建一整套大宗工业固体废物污染源（尾矿库、渣场）环境风险评价体系，以解决大宗工业固体废物污染源（尾矿库、渣场）复杂的环境系统和多种不确定风险因素的问题，实现大宗工业固体废物污染源（尾矿库、渣场）环境风险定量化评价，为大宗工业固体废物环境管理提供技术支撑。

本书选择产生量大、贮存量高而利用率低，具有潜在环境风险的大宗工业固体废物作为研究对象，通过比对与甄选，选择了铜尾矿、铅锌尾矿、赤泥、锰渣、磷石膏5类工业固体废物作为典型大宗工业固体废物的研究对象，构建典型大宗工业固体废物环境风险评价体系。同时，运用已建立的典型大宗工业固体废物污染源环境风险评价体系，对典型企业进了风险评价。

通过开展典型大宗工业固体废物污染源环境风险评价，完善了典型大宗工业固体废物污染源环境风险评价技术体系，并对典型大宗工业固体废物的管理提出了对策性建议，为进一步开展典型大宗工业固体废物污染源环境管理提供支持。

本书的内容基于课题组的研究，在研究工作中，易红宏、李凯、李丽、彭新平、马淑花、何丹、胡景丽、普丽、王访、王盼、袁琴、黄彬、赖瑞云、徐先莽、刘烨、李山、刘贵、宋辛、张贵剑、郭惠斌等做了大量的工作。本书的内容得到国家环境保护公益性行业科研专项项目"典型大宗工业固体废物环境管理技术体系研究（201109034）"的支持，在此一并表示感谢！

同时也要感谢支持本书的同事、同仁、学生和助手。由于时间仓促，加之作者水平有限，书中不足之处，恳请广大读者批评指正。

宁平　孙鑫

2014 年 5 月于昆明

目　　录

典型大宗工业固体废物

1.1 典型大宗工业固体废物基本性质

1.1.1 铜尾矿

进入 21 世纪，我国国民经济飞速发展，铜在用量上仅次于钢铁和铝，是一种关乎国计民生的重要战略资源。中国的铜资源储备在世界各国中总体排名不高，据 2008 年中国金属矿产探明矿山数量显示：铜矿资源有 910 处，总保有储量为 6243 万吨，居世界第 7 位。据统计，我国铜资源量主要集中在西部，西藏、云南、新疆和内蒙古 4 个省区的铜资源量约占全国铜总资源量的 52.8%。近十年来，中国查明铜资源储量由 2001 年的 6917 万吨上升至 2010 年的 8041 万吨，上升了 16.2%。铜储量主要集中在东部省区，仅江西、安徽、黑龙江 3 省就占了中国铜储量的 44%。但是随着工业的进一步发展，对铜的需求量逐渐增大，我国铜资源始终处于短缺状态，且我国的铜矿资源品位低、分散、量少，从而导致我国的铜供求矛盾相当突出，据推测，我国铜资源对外依存度高达 70%。

铜尾矿是铜矿石经过粉碎、浮选取中矿、精矿后余下的粉末状固体，属于固体废弃物的一种。近年来，随着铜矿资源需求量的日益增加，矿产资源利用强度不断提高，矿石产量逐年增加，可开采品位相应降低，从而使得铜尾矿排放量激增。据中国国土资源经济研究院的余良晖等人对我国铜尾矿资源进行的详尽统计分析，1949~2007 年期间，全国铜尾矿的排放总量大约为 24 亿吨，且年产出量呈逐年增加的态势，特别是近几年，铜尾矿排放量的增长更加明显，2007 年已高达 1.8 亿吨。根据较新的调查评价，测算全国铜矿尾矿资源排放总量大致为 15 亿吨，当铜价不低于 35000 元/t 时，铜平均品位不低于 0.077%，使得部分尾矿库中的铜元素具有回选再利用的经济价值。

我国铜矿尾矿具有数量大、粒度细、类型繁多、成分复杂的特点。不同地区尾矿，其化学成分、颗粒特性等存在一定差异。有研究者选取落雪选矿厂的铜尾矿具有代表性的矿样进行多种分析，结果如表 1-1 和表 1-2 所示。

表 1-1 试样光谱分析

元　素	Al	Si	B	Mn	Mg	Fe	Ti	Ca	Cu	Ba	S	P
概量/%	1～3	>3	0.003	0.03	0.1	>10	0.03	0.03	0.01	0.1～0.03	0.03	0.03

表 1-2 试样多元素化学分析

元　素	TFe	SiO_2	Al_2O_3	CaO	MgO	Na_2O	S	P	Cu	Mn	TiO_2
含量 (质量分数) /%	12.52	40.87	15.47	14.39	6.23	0.42	0.068	0.058	0.17	0.13	0.28

1.1.2　铅锌尾矿

　　铅锌尾矿是指铅锌矿石经过磨细、有用成分选取等步骤后，排放出去的废弃物，是选矿分选作业中有用目标组分含量最低的部分。铅锌尾矿通常是选矿后排放的矿浆经过自然脱水后形成的，是主要的工业固体废物。铅锌尾矿中含有多种矿物质，可视为一种复合的硅酸盐、碳酸盐等矿物材料，其中含有多种贵重金属（金、银、铜等），其主要分有 SiO_2，Al_2O_3，Fe_2O_3，CaO，MgO，Na_2O，K_2O，SO_3 等，这些有用金属和矿物，可以进行回收利用。随着选矿技术水平的提高以及矿产资源的日渐紧张，尾矿已成为人们开发利用的二次资源，而且某些传统矿物的尾矿将成为非传统矿物的原料。

　　铅锌矿尾矿含有多种有害成分，如混杂悬浮物、氰化物、重金属离子、浮选药剂等。中国铅锌矿产地，截至 2006 年年底统计数据：铅 887 处，锌 905 处，有 27 个省、区、市发现并勘查了储量。我国铅锌矿的特点是贫矿多、富矿少，结构构造和矿物组成复杂，有的入选矿石达 30 多种矿物，不少矿石嵌布粒度细微，结构构造复杂，属于难选矿石类型，给选矿带来了困难，产生了大量的尾矿，而我国尾矿的综合利用率仅为 7%，与国外综合利用率为 60% 的先进水平相距甚远。

1.1.3　赤泥

　　赤泥（red mud）是从铝土矿中提炼氧化铝后排出的工业固体废物（废渣）。一般含氧化铁的量较大，外观与赤色泥土相似，因而得名。但有的因含氧化铁较少而呈棕色，甚至灰白色。赤泥的产生量与生产方法及矿石品位有关，一般每生产 1t 氧化铝产出 1.5t 左右赤泥。中国作为世界第 4 大氧化铝生产国，每年排放的赤泥高达数百万吨。据不完全统计，1997 年我国排放赤泥约 163.5 万吨，历年累计堆存量为 2164 万吨，堆存量占地面积为 137.8 万平方米。然而，全世界氧化铝工业每年产生的赤泥超过 7000 万吨，而

2007 年中国的赤泥产生量超过 3000 万吨。

赤泥是氧化铝生产过程中产生的固体废物,其物理性质为:外观呈红色,颗粒直径 $0.08 \sim 0.25 \mu m$,相对密度 $2.7 \sim 2.9$,表观相对密度 $0.8 \sim 1.0$,碱度 pH = $10 \sim 12$,熔点 $1200 \sim 1250 ℃$。赤泥中放射性物质按可比性放射强度计,总 α 值在 $3.7 \times 10^{10} \sim 1.1 \times 10^{11} Bq/kg$,不属于放射性废渣。其化学成分随不同的生产工艺有所不同。山东铝厂、郑州铝厂、贵州铝厂的化学组成见表 1-3。就矿物组成而言,烧结法赤泥的矿物组成为硅酸二钙、碳酸钙和铝硅酸钙,并含有大量活性矿物 β-$2CaO \cdot SiO_2$。拜耳法赤泥在烧结过程中对温度较为敏感,主要矿物组成为铝硅酸钙、铝钛硅酸钙和铝硅酸钠,只是赤泥的综合利用较困难。

表 1-3　不同工艺排出的赤泥的化学成分　　（质量分数/%）

赤泥名称	SiO$_2$	Al$_2$O$_3$	Fe$_2$O$_3$	CaO	MgO	K$_2$O	Na$_2$O	TiO$_2$	烧失量
贵州铝厂拜耳赤泥	12.41	31.00	2.52	23.73	0.69	0.54	4.27	5.70	16.54
贵州铝厂烧结赤泥	20.97	8.10	6.24	45.06	—	0.06	2.76	5.19	9.43
山东铝厂烧结赤泥	21.80	6.00	9.50	47.10	—	—	2.10	2.40	10~12
郑州铝厂混联法赤泥	20.40	7.60	8.20	44.70	—	—	3.00	7.30	10~12
山西铝厂烧结法赤泥	21.44	6.54	5.22	48.16	—	—	2.23	3.40	8.03

1.1.4　锰渣

锰是一种重要的金属元素,主要用作金属材料的合金元素和脱氧剂、脱硫剂,是钢中除铁以外用量最大的元素,有"无锰不成钢"之称。在现代工业中,锰及其化合物作为重要的工业原料,不仅应用于钢铁工业,还应用于化学工业、轻工业、建材行业等国民经济的各个领域。锰矿资源是我国国民经济建设的重要战略物资。锰矿资源的大量开采促进了经济的快速增长,但由于我国技术落后、环保意识薄弱、约束和监督机制缺乏等多方面原因,开采引发的资源、环境、生态问题也越来越严重。锰矿资源开发利用的可持续性发展面临严峻考验。因此,正确把握当前锰矿资源的开采现状,有针对性地采取相应措施,扬长补短,是社会经济持续、快速、健康发展的保障。我国锰矿资源分布很广,但不平衡。截至 2007 年年底保有锰矿资源量 7.93 亿吨,广西、湖南、贵州、重庆、湖北、云南 6 省(市、自治区)的锰矿资源储量占到了全国资源储量 84.2%。

电解锰作为一种重要的冶金、化工原材料,为我国工业发展和地区经济建设作出了巨大贡献。但电解锰行业作为典型的湿法冶金行业,在其快速发展的同时,也引发了严重的环境污染,其中电解锰废渣污染尤为突出。

锰渣主要是湿法电解锰工艺中酸浸工序产生的工业废渣,是用硫酸溶液处理菱锰矿残留的固体废弃物，硫酸盐、氨氮、锰的浓度极高。锰渣成分复杂，不仅含锰、有机物质和氮、磷、钾、钙、硅等元素，还含有锌、铅、铜、砷等因子，现属一般工业废弃物（Ⅱ类）。

1.1.4.1 锰渣的化学成分及矿物成分

不同产地的锰渣化学成分略有不同，锰渣的化学成分主要以 CaO、SiO_2 为主，两者含量在55%以上，其次是 Al_2O_3、MnO、MgO，另含有 Fe_2O_3、SO_3 等。表1-4列举了不同产地锰渣的化学成分。

表1-4 不同产地锰渣的化学成分 （质量分数/%）

产　地	SiO_2	Al_2O_3	Fe_2O_3	CaO	MgO	MnO	SO_3
湘　潭	28.32	10.00	1.65	39.56	3.16	11.42	—
桂　北	24.90	18.35	2.40	33.75	1.64	17.70	0.68
新　余	28.42	16.60	0.04	39.95	9.35	3.97	0.74
重　钢	29.39	12.30	0.52	40.40	7.08	9.81	1.47
阳　泉	30.48	12.90	0.68	43.24	6.15	6.96	0.62
昆　明	29.31	16.86	0.32	40.16	9.98	4.01	0.76

锰渣的矿物组成与锰渣的冷却工艺和温度有关。水淬锰渣的主要矿物组成为玻璃体（90%以上），其余为镁蔷薇辉石（$3CaO \cdot MgO \cdot 2SiO_2$）、镁黄长石（$2CaO \cdot MgO \cdot 2SiO_2$）、钙铝黄长石（$2CaO \cdot Al_2O_3 \cdot SiO_2$）、硅酸二钙（$2CaO \cdot SiO_2$）以及少量的硅酸三钙（$3CaO \cdot SiO_2$）等结晶矿物。大量的玻璃体结构使得锰渣具有较高的潜在活性。

1.1.4.2 锰渣的颗粒特征与放射性

锰渣磨细后颗粒大小不均，大颗粒呈多菱角的不规则多面体，细小颗粒多接近球状或立方体状，颗粒表面或多或少地覆盖着一些其他矿物，这些覆盖在颗粒表面存在着孔洞或者凹面，说明锰渣颗粒表面结构疏松，比完整的晶体易于结构再次破坏而参与化学反应。杨林对贵州两厂的锰渣放射性进行测定，结果表明锰渣可用于生产建筑物室内、外饰面用的建筑材料，以及用于制备室外地砖的建筑材料。

1.1.4.3 锰渣的活性

锰渣具有一定的潜在活性。影响锰渣活性的因素主要有化学组成、玻璃化程度、细度以及激发组分的种类和掺量等。从化学成分上来看，矿渣的活性一般以碱性系数、活性系数和质量系数来评定。韩静云、安庆锋等对锰渣的 3 个评定系数进行了评定，结果表明锰渣的各项系数指标都符合活性矿渣的标准，尤其是质量系数与活性系数比标准高出较多。锰渣是活性低于矿渣，S95 级水淬锰渣微粉 28d 活性指数只相当于 S75 级 28d 活性指数水平。

1.1.5 磷石膏

磷石膏是湿法磷酸生产时排放的固体废弃物，是一种重要的再生石膏资源。然而磷石膏的资源化利用并不令人满意，目前全世界磷石膏的有效利用率仅为 4.5% 左右。日本、韩国和德国等发达国家磷石膏的利用率相对高一些。以日本为例，由于日本国内缺乏天然石膏资源，磷石膏有效利用率达到 90% 以上，其中 75% 左右用于生产熟石膏粉和石膏板。其他不发达国家磷石膏的利用率相对很低，一般以直接排放（抛弃）为主。

2009 年中国磷石膏排放量约 5840 万吨，占工业副产石膏的 70% 以上。磷石膏是用硫酸分解磷矿制取磷酸过程中的副产物，是生产高浓度磷复肥（如磷酸二铵、磷酸一铵、重钙、磷酸基复合肥等）的主要原料，每生产 1t 磷酸约副产磷石膏 5.0 ~ 6.0t（干基），实物量约 7.5 t，并且磷石膏的产生量还将随着磷矿贫化和高浓度磷复肥产量的提高而大幅度增加，到"十二五"末期年产生量将超过 7500 万吨（干基）。目前综合利用率不足 20%，距国家"十一五"规划工业固体废弃物综合利用率达到 60% 的目标尚有较大差距。放置这些废渣不仅占用大量土地，且易造成环境污染，特别是临近江、河、湖、海等环境敏感地区。在 20% 的磷石膏利用上，主要是用做矿井填充以及生产水泥缓凝剂、石膏粉、纸面石膏板、石膏砌块（含石膏砖）等各种建材产品。

此外，据中国化工矿业协会预测，2015 年中国将需硫 1720 万吨，2020 年将需硫 2100 万吨。中国现有硫铁矿和伴生硫保有储量的保证年限仅为 16 年，在中国硫资源紧缺的情况下，磷石膏的资源化利用已成为一种必然的选择。鉴于国外磷石膏资源化利用的成熟经验和中国硫资源匮乏的现状，从循环经济的角度来审视磷石膏，磷石膏就不再是一种污染废物，而是一种很好的资源。国家"十一五"规划明确提出要大力发展循环经济，加大环境保护力度。综上所述，进行磷石膏资源化利用研究具有重要的现实意义，既是解决环境污染的需要，也是发展循环经济、有效利用资源的需要。做好磷石膏的硫资源循环和无害化利用，已成为中国磷肥工业能否实现可持续发展的关键。

磷石膏是磷肥工业湿法生产磷酸时排放出的工业废渣，主要成分是 $CaSO_4 \cdot$

$2H_2O$，并含有少量的 SiO_2、Al_2O_3、Fe_2O、CaO 和 MgO 等氧化物，微量的重金属离子及放射性元素，以及未分解的磷矿粉、P_2O_5、F 和游离酸等杂质，如表 1-5 所示。

表 1-5　磷石膏的化学组成

成分	$w/\%$	成分	$w/\%$	成分	$w/\%$	成分	$w/\%$	成分	$w/\%$
$CaSO_4$	70.28	MgO	0.05	P_2O_5	1.19	SiO_2	9.84	K_2O	0.087
Fe_2O_3	0.128	Al_2O_3	0.28	总 F	0.54	Na_2O	0.054	其他	17.55

1.2　典型大宗工业固体废物的环境影响

1.2.1　铜尾矿对环境的影响

金属尾矿废弃地常常因为物理化学上的一些不良特性而成为寸草不生的裸地，不仅压占土地，也是持久而严重的重金属污染源。由于尾砂颗粒细小，易于随风飘散，对周围环境产生影响的范围更大，因此对其治理已成为热点和难点。铜尾矿也不例外，因尾矿中铜含量很高，植物在尾矿上的自然定居极其困难，而且铜等重金属的流失对周边水环境、生态环境、居民的生活环境都会造成危害。具体表现在以下几个方面：

（1）侵占土地，损伤地表。2011 年我国铜尾矿产生量为 3.07 亿吨，占全国尾矿总量的 19%。大量的尾矿堆积带来了严重的污染和资源浪费。

（2）引发地质与工程灾害。尾矿库的固体废物长期堆放，不仅在经济上造成巨大的损失，还会诱发重大的地质与工程灾害，如排土场滑坡、泥石流、尾矿库溃坝等，给国家及社会带来极大的损害。一般规模较大的废石堆在风力、水力、重力等自然力的作用下，更容易引起滑坡、塌落，雨水量大时易导致泥石流的发生。因此，可见，矿山固体废物的危害之一就是对生态环境造成难以恢复的破坏。

（3）污染环境、破坏生态平衡。尾矿中通常含有较高浓度的有毒重金属，对周围生态环境会产生严重的危害。随着物理、化学条件的改变，尾矿中重金属元素的释放、迁移会对附近土壤等表生环境产生严重的污染。谢建春等研究了铜陵铜尾矿对油菜生长和生理功能的影响，研究结果表明，油菜种子能在铜尾矿上萌发，但发芽率和发芽速率均小于正常土壤。

（4）造成严重资源浪费与经济损失。铜尾矿中常含有多种金属元素，如果长期堆放和流失，不及时进行回收和综合利用，不仅污染环境，而且对于国家矿产资源来说也是一个极大的浪费。我国矿产资源利用率很低，其总回收率比发达国家低 20%。

1.2.2　铅锌尾矿对环境的影响

铅锌尾矿中含有多种重金属及其他有毒、有害的物质，属于危险固体废物，大量的尾矿对周围环境造成了很大的威胁。大量的尾矿堆弃在尾矿库中，不仅占据了大量的土地，而且尾矿中的有害物质对周围环境及人畜健康造成威胁，严重影响环境质量。

（1）占用大量土地。矿山固体废物的危害，首先体现在对土地的占用和破坏上。原矿经选矿后80%作为废渣堆放在尾矿库中。截至2006年年底，我国累计堆放的铅锌尾矿大约在1.6～2.0亿吨，占地0.2万公顷。目前，我国每年增加的尾矿堆放量约为2000万吨。随着国内铅锌金属需求的不断增加，有关统计表明，我国铅锌尾矿的排放以约2.5%的速度逐年增加。由于我国的许多铅锌矿山地处城市和风景区，这些堆放的铅锌尾矿，不仅占据了大量越来越宝贵的土地，而且破坏景观，影响生态健康。

（2）污染水质和土壤，危害生物生长，破坏生态平衡。铅锌尾矿中含有铅、锌、镉等重金属，残留在尾矿中的选矿药剂含有砷等有毒物质，这些物质对周围环境及生物存在巨大的威胁。大量实验和事实证明，铅锌尾矿中的有害物质污染矿区及周围的土壤、水质以及空气等环境质量，危害矿区生物的生存和发育，威胁人类和矿区其他动物的健康。

国内外多项研究表明，铅锌尾矿对生态环境及周围生物存在威胁。云南会泽废弃铅锌矿复垦地中Cd、Zn、Pb 3种重金属的总含量分别为国家三级标准的35.0、28.0和11.3倍，3种重金属均达到重污染级。束文圣等所做的凡口铅锌尾矿对植物定居影响的实验结果表明，在栽培试验中，重金属毒性严重抑制格拉姆柱花草根系的活力，使得植物无法利用无机养分，并可导致明显的白化症状，严重影响格拉姆柱花草的生长。滕应等对浙江省天台铅锌银尾矿污染区土壤微生物区系组成及主要生理类群进行了研究。由于尾矿污染区环境的重金属污染，尾矿区土壤微生物区系组成和各生理类群发生了明显变化，土壤细菌、真菌、放线菌以及各种生理类群数量均显著降低。墨西哥的Texco的矿区尾矿，河水及沉积物的测定结果显示，所有样品都受到了严重污染：Pb达到2750mg/kg，Zn达到690mg/kg，As浓度达到3530mg/kg。韩国有约1500个已经关闭的金属矿山，已经成为矿区农用土地和庄稼重金属污染的主要来源。

（3）引发重大地质灾害。铅锌尾矿长期堆放，不仅在经济上带来巨大损失，还会引发重大的地质与工程灾害，如尾矿库溃坝，给社会带来极大的损失。在过去的30多年里，全世界几乎每年都会发生尾矿存储设施破坏的事故。2001年1月30日，罗马尼亚乌鲁尔金矿废水大坝发生泄漏，10万多升含有氰化物、铜、铅等重金属的污水流入多瑙河支流蒂萨河。污水流经之处，所有生物一律暴毙。

由于我国尾矿综合利用率低，约93%堆放在尾矿库中。有关专家统计，我国主要矿山企业的尾矿库，正常运行的不足70%，甚至有的行业大约44%的尾矿库处于险、病、超期服务状态。我国把尾矿库的危害列为95种重大灾害的第18位。统计表明，我国20世纪80年代以来，发生溃坝事件近百起。

（4）资源浪费。我国铅锌矿多金属矿产资源丰富，矿石常伴有铜、银、金、铋、碲、锑、硒、钼、钨、锗、镓、铊、硫、铁及萤石等。铅锌尾矿中许多有价金属没有得到利用，尾矿中的大半乃至90%以上的非金属组分更是极少开发利用，严重浪费了资源。我国银产量的70%来自铅锌矿石。铅锌尾矿还可以回收金、钨、铜、重晶石、萤石等，生产水泥熟料和回收绢云母是铅锌尾矿综合利用价值比较高的方式。但是，我国尾矿的综合利用率只有7%，远远落后于发达国家60%的综合利用率。另外，铅锌尾矿还给采矿企业带来了沉重的经济负担。一些企业的尾矿库已快到服务年限，有的还在超期服役。随着尾矿量不断增加，建立新的尾矿库已势在必行。但是，由于征地费用越来越高，尾矿库的维护和维修也需大量的资金，给企业带来巨大的经济负担。全国现有400多座尾矿库，每年的营运费用达7.5亿元。

1.2.3 赤泥对环境的影响

赤泥是氧化铝工业排放的红色粉泥状废料，属强碱性有害残渣，含水率高，容重 $700 \sim 1000 kg/m^3$，比表面积 $0.5 \sim 0.8 m^2/g$。组成和性质复杂，并随铝土矿成分，生产工艺（烧结法、混联法或拜耳法）及脱水，陈化程度有所变化。

赤泥主要组分是 SiO_2，CaO，Fe_2O_3，Al_2O_3，Na_2O，TiO_2，K_2O 等，此外还含灼减成分和微量有色金属等。由于铝土矿成分和生产工艺的不同，赤泥中成分变化很大。赤泥中还含有丰富的稀土元素和微量放射性元素，如铼、镓、钇、钪、钽、铌、铀、钍和镧系元素等。赤泥主要成分不属对环境有特别危害的物质，赤泥对环境的危害因素主要是其含 Na_2O 的附液。附液含碱 $2 \sim 3g/L$，pH 值可达 $13 \sim 14$。赤泥附液的主要成分是 K，Na，Ca，Mg，Al，OH^-，F^-，Cl^-，SO_4^{2-} 等多种成分，pH 值在 $13 \sim 14$ 之间，赤泥对环境的污染以碱污染为主。

目前国内外氧化铝厂大都将赤泥输送堆场，筑坝湿法堆存，且靠自然沉降分离对溶液返回再用；该法易使大量废碱液渗透到附近农田，造成土壤碱化，沼泽化，污染地表地下水源。另一种常用的方法是将赤泥干燥脱水和蒸发后干法堆存。此外，国外氧化铝厂也有填海和特殊植被覆盖处理赤泥的方法，其中填海对环境污染很严重。我国赤泥的处理主要是筑坝堆存。我国氧化铝生产过程中每年产生的赤泥量超过600万吨全部露天堆存，并且大部分堆场坝体用赤泥构筑。目前，人们日益关注赤泥堆放给环境带来的危害。赤泥的堆放不仅占用大量土地，耗费较多的堆场建设和维护费用，而且存在于赤泥中的碱向地下渗透，造成地下水体和土壤污染。裸露赤泥形成的粉尘随风飞扬，污染大气，给人类和动植物的生存造成负面影响，恶化生态环境。

赤泥对环境的影响主要表现在如下几方面。

（1）土地和农田的占用。赤泥的存放占用大量土地和珍贵的农田。赤泥的贮存不仅需要占用大面积的土地及投入巨额资金筑坝，同时也需要耗费较多的堆场建设和维护费用，用于堆放赤泥的土地费用占 Al_2O_3 产值的 1%～2%。

（2）空气污染。赤泥的粒度因生产工艺有很大的差异，当赤泥脱水风化后，表层的黏结性变差，容易引起粉尘污染。晒干的赤泥形成的粉尘到处飞扬破坏生态环境，而且贮灰场中的赤泥由于风蚀扬尘影响能见度，造成严重污染。但在生产运行期，由于堆场表层一直在排放赤泥浆液，湿度较大，不会引起粉尘污染。此外，在赤泥中有害元素大于 $2\mu m$ 沉积在鼻咽区，小于 $2\mu m$ 的沉积在支气管、肺泡区，被血液吸收，送到人体各个器官，对人类和其他动物的健康的危害极大。

（3）对建筑物表面、土壤的影响。赤泥呈碱性，因此在潮湿空气中赤泥对建筑物表面有侵蚀性，降落地面的悬浮微粒则使土壤碱性化，造成土壤表面污染，影响种植及放牧。赤泥的强度碱化，会扰乱植物根系正常的生理活动，影响植物对养分的吸收，所以大多数植物都不适宜在赤泥堆场过的土壤中生长。赤泥及其附液的强碱性对地下的黏土层具有极强的盐碱化作用，其强碱性和附液可改变地下黏土层的结构和化学成分。赤泥堆存过的土壤基本不可能被复垦和种植植物。

（4）地下水污染。赤泥对水体的污染表现为，一方面直接排灰入水体，形成沉淀物、悬浮物、可溶物等，造成污染；另一方面赤泥淋滤液下渗，将会引起地下水体的水质硬度增加，有时甚至造成更严重的砷、铬等元素污染水体。赤泥及其附液的含碱量均很高，赤泥堆场下游的地下水是受赤泥影响的主要对象，在未采取防渗措施的赤泥堆场附近，高碱度的污水渗入地下或进入地表水，使水体 pH 值升高，存在地下水中总硬度及 pH 值升高，超过地下水Ⅲ类水质标准的现象，地下水总硬度最高的接近 1600mg/L（超标 2.53 倍），pH 值达 11.2（标准为 6.5～8.5）。赤泥中所含的氟化物也是水体污染的另一个主要的污染物质。氟化物来自氧化铝生产所需的原料，在我国和世界其他一些一体化设备中它也跟随赤泥被一起堆放到堆放场地里。

同时由于 pH 值的高低常常影响水中化合物的化学性质和毒性，因此随着水体的流动，还会造成更为严重的水污染。一般认为碱含量为 30～400mg/L 是公共水源的适合范围，饮用水中氟化物的含量标准为 0.5～1.0mg/L，而赤泥附液的碱度高达 26348mg/L，浸出液的 pH 值为 12.1～13.0，氟化物含 11.5～26.7mg/L；当赤泥中污染元素在水中聚集到一定程度时，水体便具有了毒性。例如，曾对山西铝厂冶炼场地的地下水进行检测，水体中铁、锰和氟化物等的含量就超过了地下水 III 类水质标准和饮用水水质标准。

（5）赤泥的放射性。部分赤泥因为原矿所含矿物质成分的原因而含有镭、钍等放射性物质及有毒物质，也会对堆放场附近人和动物产生危害，因而对环境造成放射性危害。

1.2.4　锰渣对环境的影响

多年来，电解锰产业的快速发展积累并引发了大量环境问题，给当地人民生产和生活造成了严重危害。根据国家清洁生产中心实际测定，锰渣中硫酸盐、氨氮、锰等含量严重超标，砷、汞、硒的浓度也较高。

目前，锰渣废弃物的处理方法还是以堆放和填埋为主，一般一个企业有一个或几个锰渣堆放场，不合理的堆放方式，对周边地表水、地下水、河流底泥、土壤造成了严重污染。

（1）电解锰废渣占用大量土地。我国电解锰行业使用的原料大多是低品位的菱锰矿（主要成分 $MnCO_3$），生产 1t 金属锰将产生 7～9t 的锰渣。仅 2007 年，电解锰废渣产量就达 $9 \times 106t$，占用了大量土地。为了提高锰矿资源的利用率，不少学者进行了有益探索，但尚未形成回收率高、污染少的技术。废渣的堆渣场多邻近居民区，侵占林地、工矿用地。大量废渣长期的堆放不仅会造成环境污染和安全隐患，而且在一定程度上会阻碍企业的继续生产和发展。

（2）电解锰废渣污染水体。电解锰废渣堆放过程中经雨水淋浸，产生渗滤液，其中主要污染物硫酸盐、氨氮、锰的浓度极高，砷、汞、硒的浓度也较高，污染很大。有的企业，工业废渣往往随意倾倒，无固定的堆放场，造成固体废物渗滤液直接排入周边，污染农田、地表水，特别是地下水，成为电解锰行业重要的水污染源。

（3）电解锰废渣场存在很大风险。许多企业的废渣库建设不合理，大都在山谷中拦坝建设，没有进行项目选址的可行性论证和环境影响评价。不少锰渣堆放场上无任何标志，也没有人管理，一旦遇到洪水，存在着重大环境风险和安全隐患。

（4）破坏周边生态环境。由于废渣的大量堆积以及其主要由钙镁等矿物质组成，缺乏有机质，因此对周边原生的生物多样性会产生致命影响；生物多样性丧失后，受损生态系统的恢复会变得极其缓慢，同时由于渗滤液会对下游和周围地区产生污染，也间接影响到周围地区的生物多样性。

电解废渣对环境的污染问题成为我国电解锰行业生存与发展的主要问题，锰废渣问题的解决与否，是电解锰行业能否稳定持续健康发展的关键。

1.2.5 磷石膏对环境的影响

磷石膏在排放或堆存过程中，其中的有害物质经各种途径进入水体土壤和大气中，造成不同程度的污染和危害。主要表现在以下方面：

(1) 磷石膏堆存占地面积大，造成生态环境恶化。长期以来，由于多种原因磷石膏的综合利用率较低，多数企业采用堆存的办法处理磷石膏。一般磷石膏堆场的可堆高度为 5.6m，由磷石膏的堆积密度达 $1000kg/m^3$，不难算出堆放一万吨磷石膏（湿基）约占 $1hm^2$ 土地。一个 $100hm^2$ 的堆场，可有效堆存磷石膏约 2500 万 ~3000 万立方米，仅可接受年产 50 万吨磷酸厂 10 ~12 年或年产 80 万吨磷酸厂 6 ~8 年的磷石膏排放量，堆场防渗费用 6750 万 ~8150 万元，工程投资较大。可见磷石膏堆存占地之大，工程投资也十分惊人。

(2) 对地下水及地表水质的影响。磷石膏渣在堆存过程中所产生的含有大量污染物的渗滤液，由磷石膏（湿基）中的废液、降水淋溶液、地表径流溶渣液组成，这些渗滤液通过地表径流、渗漏和地下径流的途径进入地表水和地下水中，造成地表水和地下水污染。文献报道某磷石膏堆场南、西南面地下水总磷 (TP) 含量严重超标，同时由于堆场岩溶渗漏使得附近地表水受到严重污染，造成下游水体富营养化，严重威胁到当地的水库水质及水生生态环境。

(3) 粉尘污染。磷石膏堆场上面不能进行绿化，大量的磷石膏裸露堆存，在干燥的气候条件下，酸性物质挥发产生的刺激性气味和细粉形成空气污染。遇大风天气，势必会有大量磷石膏粉尘随风飘起，给大气环境造成污染。

(4) 土壤污染。磷石膏在自然堆放过程中，由于淋滤、风化等作用，一些重金属元素进入土壤，会对周围土壤造成污染。磷石膏的堆放使得磷石膏中的重金属在周边耕作层土壤中形成了较大的累积；9 个土样中，各元素的检出率均为 100%，Cd、Cu、Zn 和 Pb 的含量最高，Cd 的最高含量超土壤三级标准近 3 倍，Cu 和 Zn 平均含量超过了土壤二级标准；磷石膏堆周围土壤中重金属含量在平面上与磷石膏堆距离成负相关，在纵向剖面上，重金属含量也基本上随着深度的增加而降低，各元素含量下降的程度不一样，Cd 和 Pb 的下降程度最大。

(5) 放射性危害。磷石膏的放射性主要来自于磷石膏中的^{226}Ra、^{232}Th，在衰变过程中产生氡放射性气体，它们易于与空气中的微尘形成沉降缓慢的气溶胶。人体通过呼吸器官吸入氡气，形成永久性的内照射。长期吸入氡气会导致肺癌，在剂量 4 戈瑞的照射下，会有 5% 的人死亡；若剂量为 6.5 戈瑞，则 100% 的人死亡。照射量在 1.5 戈瑞以下虽然不致人身死亡，但仍会产生远期的危害。氡的半衰期时间很长，要经历数百年，所以通过放置而使磷石膏的放射强度降低几乎是不可能的。磷石膏中的镭放射性核素很难分离，通过水洗或加热等物理甚至化学处理方法，也几乎不可能除去磷石膏中的镭核素。由于放射性原因，美国环保署定义磷石膏为技术增强型自然放射性物质，明令禁止使用放射性物质超过370Bq/kg 的磷石膏。

磷石膏的放射性与其矿石产地有关，我国进口矿石的磷石膏中放射性普遍较高，而国产磷矿石的磷石膏中放射性较低。

1.3 我国典型大宗工业固体废物的排放现状

1.3.1 铜尾矿

铜因为具有许多可贵的物理化学特性，例如热导性、高导电性、抗蚀性而被作为一种重要的工业基础原材料，已被广泛应用于电力、电子、电气、轻工、机械制造和国防工业等领域；铅主要加工成铅酸蓄电池，用于汽车启动、牵引、通信等行业电源，作为耐蚀合金、焊料合金、电池合金、模具合金也广泛应用于化工、机械、电子等行业；锌具有较强的耐腐蚀性，在常温下表面易形成一层保护膜，因此主要应用于钢材镀锌、各种铸件喷涂、防腐材料。锌可以与铜、铅、铝等多种组成各种不同性能的合金，用于机械制造、电力、电子、化工等行业的精密铸造。

通常情况下，尾矿是指选矿厂在特定的经济技术条件下，将矿石磨细，选取"有用成分"后排放的固体废物，也就是矿石经选别出精矿后剩余的固体废物。铜尾矿是以采掘铜为主要目标的矿山（选矿厂）排放的固体废物，铅锌尾矿则是以采掘铅锌为主要目标的矿山（选矿厂）排放的固体废物。我国铜矿、铅锌矿选矿以浮选方法为主，具体浮选工艺根据矿石性质的不同采用不同，例如优先浮选、混合浮选、等可浮选等。

我国铜铅锌资源较丰富，分布广泛。铜矿除天津外其余的省市区市都有不同程度的分布，其中江西、西藏和云南居前 3 位。截至 2011 年年底，我国铜矿资源储量为 2812.4 万吨。

我国国民经济的快速发展促进了铜矿采选行业的迅速发展。截止 2012 年底，我国共有铜矿采选企业 306 家，主要分布在安徽、云南、内蒙古、湖北和四川等省区。

2012 年，我国铜精矿产量（金属量）达到 155.2 万吨，居世界第二位，见表 1-6。

表 1-6　2006~2012 年我国铜精矿产量　　　　　（万吨）

年　份	2006	2007	2008	2009	2010	2011	2012
铜精矿产量（金属量）	87.3	92.8	107.6	104.5	115.6	127.2	155.2

　　虽然近十年来，我国铜铅锌采选行业取得了长足的进步，铜铅锌精矿产量处于世界前列，国内部分骨干矿山装备技术达到了世界先进水平，行业"开采回采率、选矿回收率、综合利用率"指标总体有所提高，例如江西德兴铜矿、广东凡口铅锌矿、南京栖霞山铅锌矿在数字化矿山、无轨开采、无废开采等取得了可喜的成绩，但由于中小矿山众多，导致总体管理水平、装备与技术水平不高。目前发达国家矿业开发已经进入数字化和无轨开采阶段，而我国只有个别大型矿山接近或达到这种水平。

　　新中国成立前，我国虽然有一定的铜工业基础，但是规模很小；即便1949年，铜精矿产量也仅0.08万吨，相对近20年的发展规模来说，1949年以前所产生的铜矿尾矿可以忽略不计。本着抓大放小及调查总量的原则，新中国成立以来铜矿尾矿的排放情况就可以代表我国铜矿尾矿的总体排放情况。

　　1949～2007年，全国铜尾矿的排放量大致为24亿吨。其中，1985年以后，每年铜尾矿的排放量均超3000万吨而且逐年增加；特别是近几年，铜尾矿排放量的增速非常明显，2007年已经高达2.41亿吨。据相关文献显示，1949～2007年江西铜尾矿最多，达到4.96亿吨，约占全国总量的20%；其次是云南，铜尾矿达3.92亿吨，约占全国总量的16%；第三是湖北，铜尾矿达3.09亿吨，约占全国总量的12%；第四是甘肃，铜尾矿达2.59亿吨，约占全国总量的10%；第五是安徽，铜尾矿达2.51亿吨，约占全国总量的10%。具体情况见表1-7。

表1-7　全国铜尾矿区域分布情况　　　　　　　　　（万吨）

地　区	尾矿量	地　区	尾矿量	地　区	尾矿量	地　区	尾矿量
河　北	3057	浙　江	2204	湖　南	3860	西　藏	369
山　西	13490	安　徽	25130	广　东	5472	陕　西	1538
内蒙古	6872	福　建	583	广　西	2505	甘　肃	25865
辽　宁	8892	江　西	49617	海　南	756	青　海	2265
吉　林	3280	山　东	2511	四　川	7536	新　疆	3181
黑龙江	1884	河　南	600	贵　州	44	全　国	242643
江　苏	1090	湖　北	30892	云　南	39150		

　　截止2011年底，全国五年内（2007～2011）年铜尾矿产生量统计结果如表1-8所示。从表1-8和图1-1可以看出，2007～2011年，铜尾矿年均产生量为3160多万吨，2011年铜尾矿产生量已达到3.07亿吨，占全国尾矿总产量的19.0%，比2007年增长了21.50%。

表 1-8   2007～2011 年我国铜尾矿产生量   （亿吨）

种　类	2007	2008	2009	2010	2011	总　计
铜尾矿	2.41	2.46	2.56	3.05	3.07	13.55

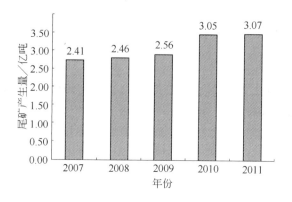

图 1-1   全国 2007～2011 年铜尾矿的排放情况

1.3.2   铅锌尾矿

我国铅锌资源较丰富，分布广泛。除上海和天津外，其余的省份都有不同程度的分布。其中，云南、广东、内蒙古、甘肃等省区铅锌矿资源较丰富。截止2011 年底，我国铅矿和锌矿资源储量分别为 1291.7 万吨和 3124.4 万吨。

我国是铅锌精矿生产大国。截止 2012 年底，我国共有铅锌矿采选企业 604家，主要分布在五大铅锌产业基地：东北铅锌生产基地、湖南铅锌生产基地、两广铅锌生产基地、滇川铅锌生产基地和西北铅锌生产基地。2012 年，我国铅精矿和锌精矿产量（金属量）分别达到 261.3 万吨和 485.9 万吨，均居世界第一位（见表 1-9）。

表 1-9   2006～2012 年我国铅锌精矿产量   （万吨）

统计年份	2006	2007	2008	2009	2010	2011	2012
铅精矿产量（金属量）	133.1	140.2	140.2	160.4	198.1	240.6	261.3
锌精矿产量（金属量）	284.4	304.8	334.3	332.1	384.2	405.0	485.9

我国铅锌采选行业中小企业众多，行业整体大而不强。虽然近十年来，铅锌采选行业取得了长足的进步，铅锌精矿产量处于世界前列，国内部分骨干矿山装备技术达到了世界先进水平，行业"开采回采率、选矿回收率、综合利用率"指标总体有所提高，例如广东凡口铅锌矿、南京栖霞山铅锌矿在数字化矿山、无

轨开采、无废开采等取得了可喜的成绩，但由于中小矿山众多，导致总体管理水平、装备与技术水平不高。目前发达国家矿业开发已经进入数字化和无轨开采阶段，而我国只有个别大型矿山接近或达到这种水平。

铅锌矿资源保障能力低。我国已成为世界铅锌生产和消费大国，但铅锌的对外依存度在不断上升，矿产品进口量总体呈逐年增长趋势（见表1-10）。

表1-10　2006~2012我国铅锌精矿进口量　　　　　　（万吨）

统计年份	2006	2007	2008	2009	2010	2011	2012
铅矿	118.9	126.6	144.5	160.5	160.4	144.4	181.5
锌矿	82.8	215.1	238.5	385.1	324.1	293.6	194.1

目前，国内铅锌选矿的工艺主要有：全电位控制浮选、全浮选工艺、硫化浮选工艺法、重选-浮选工艺、改性胺浮选法、螯合捕收剂浮选法、浸（氨浸、酸浸）出-浮选、快速浮选、分支串联浮选、异步混合浮选、部分快速优先浮选、选冶联合等；就单一浮选而言又分先铅后锌的优先浮选，先硫化矿后氧化矿的分段浮选，先浮易浮矿后浮难浮矿的等可浮流程。目前，硫化矿石一般多用浮选；氧化矿石用浮选或重选与浮选联合选矿，或硫化焙烧后浮选，或重选后用硫酸处理再浮选。对于含多金属的铅锌矿，常采用磁-浮、重-浮、重-磁-浮等联合选矿方法。

我国对铅锌工业已经制定专门的准入条件，规定：开采铅锌矿资源，应遵守《矿产资源法》及相关管理规定，依法申请采矿许可证。采矿权人应严格按照批准的开发利用方案进行开采，严禁无证勘查开采、乱采滥挖和破坏浪费资源。国土资源管理部门要严格规范铅锌矿勘查采矿审批制度。按照法律法规和有关规定，严格探矿权、采矿权的出让方式和审批权限，严禁越权审批，严禁将整装矿床分割出让。新建铅锌矿山最低生产建设规模不得低于单体矿3万吨/年（100t/d），服务年限必须在15年以上，中型矿山单体矿生产建设规模应大于30万吨/年（1000t/d）。采用浮选法选矿工艺的选矿企业处理矿量必须在1000t/d以上。国家对铅锌产业准入条件逐渐提高，低产能的企业被逐步整合、淘汰，大规模高产能企业将得到发展。

铅锌尾矿是在铅锌浮选作业过程中产生的，是由选矿厂排放的尾矿矿浆经自然脱水后形成的固体矿物废料，其主要原料是硅酸盐，同时还含有多种重金属成分。大量的尾矿主要堆放在尾矿库或者一些自然场所中，不可避免地带来一些环境污染问题。由于我国铅锌矿床物质成分复杂、共伴生组分多，同时铅锌矿贫矿多、富矿少，结构构造和矿物组成复杂的多、简单的少，导致铅锌尾矿产生量也较大（见表1-11）（数据来源：中国有色金属工业协会，中国有色金属工业年鉴）。

表 1-11 2006～2011 年我国铅锌尾矿产生量 （万吨）

统计年份	2006	2007	2008	2009	2010	2011
铅锌尾矿产生量	2020	2660	2710	3040	1120	1260

根据原矿石的不同，铅锌尾矿中的化学成分差异很大（见表 1-12）。

表 1-12 典型铅锌尾矿化学成分 （%）

SiO_2	Al_2O_3	Fe_2O_3	CaO	MgO	K_2O	Na_2O	烧失量
73.29	8.12	6.37	2.36	1.68	2.27	0.39	3.72

1.3.3 赤泥尾矿

铝广泛应用于建筑、包装、交通运输、电力、航空航天等领域，是国民经济建设、战略性新兴产业和国防科技工业发展不可缺少的重要基础原材料。铝业是金属冶炼行业中仅次于钢铁的第二大产业。氧化铝生产方法多样、工艺流程长。生产工艺有三种：拜耳法、烧结法和联合法（烧结法和拜耳法串联、并联或混联）。由于处理的原料不同，需要使用不同的生产方法。拜耳法——处理二氧化硅含量低的铝土矿；烧结法——处理二氧化硅含量高的原料；联合法——拜耳法与烧结法联合使用。拜耳法一直是世界上生产氧化铝的主要方法，其产量约占全世界氧化铝总产量的 95% 以上。我国由于铝土矿品位普遍不高，1990 年前大部分老的氧化铝企业多采用联合法，但新建的氧化铝生产企业基本都采用了拜耳法。目前，拜耳法已成为我国氧化铝生产的主要工艺，约占氧化铝产量的 90% 以上（2013 年）。

我国是世界上最大的氧化铝生产国和消费国。"十一五"期间，我国氧化铝产量年均增长率高达 27.5%，2012 年氧化铝产量达 4240 万吨，约占世界总产量的 37.1%（见表 1-13）。目前，全国共有氧化铝生产企业 40 多家（见图 1-2），受铝土矿分布的影响，主要分布在河南、山西、广西、贵州、重庆和云南等 7 个省（市、区）。

表 1-13 2006～2012 年我国氧化铝产量 （万吨）

年 份	2006	2007	2008	2009	2010	2011	2012
产 量	1325.7	1946.7	2278.2	2379.3	2893.0	3417.2	4240

本书调查的 8 家企业分布在河南、山西、广西、贵州四个主要铝土矿产地，以及山东完全依赖进口矿的 3 家企业。8 家企业氧化铝产量占同期全国氧化铝产量的 45.6%。

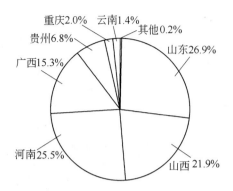

图 1-2 各省（区、市）氧化铝产量占比图（2011 年）

我国氧化铝企业平均规模达到国际平均水平。到 2012 年底，我国氧化铝企业平均规模达到 130 万吨/年，比 2005 年增加 50 万吨/年。其中，产能在 200 万吨/年以上的 14 家氧化铝企业占全国总产能的 68%。

2008 年我国铝土矿查明资源储量为 32.23 亿吨，约占全球储量的 11.9%。铝土矿查明资源储量分布于 20 个省（区），主要集中在山西 30.9%、河南 21.6%、贵州和广西 15.8% 四省（区），约占全国查明资源储量的 84.1%。

我国铝土矿资源占世界的比例不到 3%，而全球近 40% 的氧化铝产能集中在我国，同时我国铝土矿品位相对较差、加工难度大，导致企业更倾向于进口印尼、印度、澳大利亚等国外高品位的矿石（见表 1-14）。近几年我国铝土矿对外依存度在 50% 左右。随着铝行业的发展，今后对外依存度会不断上升。

表 1-14 2006～2011 年我国铝土矿对外依存度

年　份	2006	2007	2008	2009	2010	2011
年产量/万吨	1898	2045	2518	29218	3684	3600

1.3.4 锰渣

锰及锰合金是钢铁工业、铝合金工业、磁性材料工业、化学工业等不可缺少的重要原料之一。锰的提炼方式主要有火法和电解法（湿法）两种，其中电解法制备的金属锰，纯度可达 99.7%～99.9% 以上，已成为金属锰生产的主要方式。

我国锰储量只占世界陆地总储量的 6%，且具有规模小、贫矿多、富矿少、杂质含量高、贫而难选等特点，导致每年必须进口大量的锰矿石（见表 1-15）。我国锰矿石平均品位只有 22%，远低于国际商品级富矿石标准

（Mn≥48%）。

表 1-15　2006～2011 年我国锰矿石进口量

年　份	2006	2007	2008	2009	2010	2011
进口量/万吨	621	663	757	962	1158	1300

我国是世界电解锰第一大生产国和出口国。电解锰行业属于高耗电、高污染行业，大部分发达国家早已停止生产，目前全球生产电解锰的国家只有中国和南非。"十一五"以来，我国电解锰年产量逐年增加，2011 年将近 150 万吨，产能和产量均占全球 97% 以上（见表 1-16）。全国共有电解锰企业 190 家，主要分布在湖南、广西、贵州、宁夏和重庆五省（区、市），其电解锰产量占比超过 90%（见图 1-3）。

表 1-16　2006～2012 年我国电解锰产量

年　份	2006	2007	2008	2009	2010	2011	2012
产量/万吨	73.26	102.40	113.85	130.7	138.24	147.97	116
同比增长/%	29.3	39.8	11.2	14.8	5.8	7.0	13.0

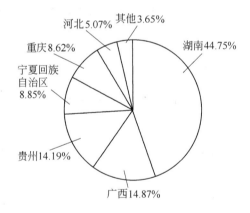

图 1-3　各省电解锰产量占比（2011 年）

电解锰行业存在产能过剩、产业集中度低等问题。2013 年，我国电解锰产能有望突破 300 万吨，但目前电解锰市场需求仅 100 多万吨，产能严重过剩，全国将有 65% 以上的电解锰企业面临不得不关停，乃至退出市场的尴尬境地。从企业规模上看，全国电解锰企业产能超过 5 万吨/年的仅 4家，超过 3 万吨/年的仅 6 家，半数以上企业的产能低于 1 万吨/年（见表1-17）。

表 1-17　我国电解锰企业规模情况（2008 年 12 月）

生产规模/万吨·年$^{-1}$	企业数/家	合计生产能力/万吨	占总生产能力比例/%
<1.0	104	53.74	28.6
1.0 ~ 3.0	76	86.32	45.95
3.0 ~ 5.0	6	19.00	10.11
≥5.0	4	28.80	15.34

1.3.5　磷石膏

　　磷肥工业是关系到国家农业发展、粮食安全的重要基础行业。目前，国内外高浓度磷复肥产品生产企业几乎都采用由硫酸分解磷矿石生产磷酸的工艺。

　　我国磷矿资源储量相对丰富，2012 年磷矿储量为 30.7 亿吨，居世界第 2 位。但是，我国 90% 以上的磷矿品位低于 26%，平均品位仅为 16.85%，是世界上磷矿石平均品位最低的国家。除少数富矿可直接作为生产磷复肥和黄磷的原料以外，大部分矿石需经选矿才能利用。据估算，如果仍按照目前的开采速度，全球磷矿石将在今后 50 ~ 100 年内消耗殆尽，而我国磷矿石开采殆尽时间则更短。

　　我国是世界第一大磷肥生产国和主要出口国。"十一五"期间我国磷肥工业快速发展，2005 年产量已超过美国居世界第一位，目前磷肥总体产能占世界的比重超过 1/3（见表 1-18）。同时，我国又是磷肥出口大国，2012 年净出口磷肥 250.3 万吨（P_2O_5），占当年磷肥产量 14.8%。"十二五"期间，我国磷肥行业将处于平稳发展期。全国现拥有湿法磷酸生产装置的磷复肥企业 90 多家，主要分布在湖北、云南、贵州、山东和安徽等省份，2011 年上述五个省份高浓度磷复肥产量占全国总产量的 78.3%（见图 1-4）。

表 1-18　2006 ~ 2012 年我国磷复肥产量　　　　　（万吨）

年　份	2006	2007	2008	2009	2010	2011	2012
高浓度磷复肥产量（P_2O_5 100%）	820.3	992.4	948	1062	1301.8	1412.6	1462

　　磷肥工业存在产能过剩、效益普遍下滑等问题。以磷酸二铵为例，目前国内产量已经远高于需求，供需矛盾突出。截止 2012 年底，国内磷酸二铵产能已达 1850 万吨/年，产能过剩比例超过 100%，另有在建和拟建的装置产能约 300 万吨/年。由此导致市场竞争愈演愈烈、产品利润率不断下降。受全球经济增长的不确定性、不利气候等影响，未来全球肥料市场需求复苏的步伐将放缓，供大于求的格局将会进一步恶化。

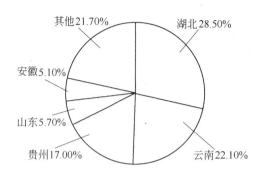

图 1-4　高浓度磷复肥产量占比图（2011 年）

　　我国是世界第一大磷石膏产生国。磷石膏是以磷矿石、硫酸为原料，用硫酸酸解磷矿萃取磷酸（又称：湿法磷酸）时得到的工业固体废物。每制取 1t 磷酸（100％ P_2O_5），约产生 4～5t 磷石膏。随着高浓度磷复肥产量的增加、低品位磷矿用量越来越多，必然导致磷石膏产生量越来越大（见表 1-19）。

表 1-19　2006～2012 年我国磷石膏产生量

年　份	2006	2007	2008	2009	2010	2011	2012
产量/万吨	4000	4800	4500	5200	6200	6800	7000

　　磷石膏的主要成分是二水硫酸钙，此外，还含有少量未分解的磷矿粉，未洗涤干净的磷酸、磷酸铁、磷酸铝和氟硅酸盐等杂质。

　　“十一五”时期，在国家产业政策的支持下以及受农业需求旺盛的拉动，我国磷肥工业发展迅速，磷石膏的排放也逐年增加。“十一五”期间磷石膏累计排放量约为 2.46 亿吨，排放增加率约为 55％。2007～2011 年全国共排放磷石膏 27350 万吨（见表 1-20），2007～2009 年磷石膏的排放量保持相对稳定，年排放量基本维持在 4500～5000 万吨，2010 年和 2011 年我国磷石膏排放出现较大增长，同比分别增长约 24％和 9.7％，达到 6200 万吨和 6800 万吨（见图 1-5）。大量的磷石膏未能有效利用，截止到 2011 年我国磷石膏累计堆存量约为 3 亿吨。我国大型磷化工企业主要分布在西南地区，磷石膏排放量主要集中在西南地区，华东、华南、华北地区也有少量排放。2011 年，我国磷石膏排放量前五名的省份分别是：湖北、云南、贵州、山东和安徽，五省的磷石膏排放量占全国磷石膏排放量的 76.90％（见图 1-6）。随着我国磷肥产业结构调整的不断深入，产业的集中度不断提高，“十二五”期间磷肥产业处于平稳发展期，预计到“十二五”末，我国磷石膏年产生量将超过 7000 万吨，并且相对集中分布在云、贵、鄂、皖、川、鲁等省份。

表1-20 2007～2011年我国磷石膏产生和利用情况

年 份	产生量/万吨	利用量/万吨	利用率/%
2007	4800.00	—	—
2008	4550.00	—	—
2009	5000.00	1100.00	22.0
2010	6200.00	1260.00	20.0
2011	6800.00	1600.00	24.0
合 计	27350.00		—

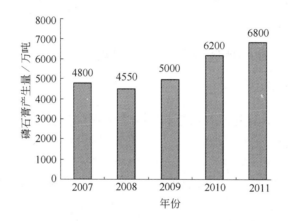

图1-5 2007～2011年全国磷石膏排放量

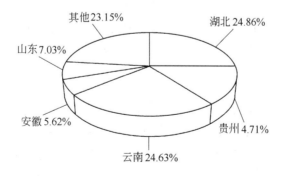

图1-6 2011年前五省磷石膏产排量占全国排放量的比例

我国有湿法磷酸生产装置的磷复肥企业90多家，磷酸单套装置规模从1.5万吨到30万吨不等。从企业分布情况看，除北京、天津、上海、吉林、黑龙江、海南、西藏、新疆等省市（区）外，其余省份均有磷石膏产出。

近年来，我国磷肥产业结构调整基本上实现了两个转移：基础肥料向资源产地转移，各种专用肥料向用肥市场转移。随着高浓度磷复肥产量的增加，低品位磷矿用量越来越多，磷石膏的产生量将越来越大。目前，磷石膏综合利用的途径和产品因受多种因素的影响，综合利用率不高，短期内还无法做到全部利用，磷石膏大量的处理处置方式仍以堆存为主，堆存量占年产生量的80%左右。磷石膏堆存方式主要有干排干堆、湿排湿堆和湿排干堆3种。干法堆场设置渗滤液收集处理系统，收集的渗滤液通过泵送回磷酸装置，国内小型企业大多采用干排干堆方式进行处理；湿法堆场设置回水调节库（池），磷石膏渗滤液及输渣水进入回水调节库（池），并通过泵送回磷酸装置或回收利用，国内大型磷肥企业一般采用湿排湿堆的方式进行处理，输渣水封闭循环使用。由于磷石膏堆存量大，土地占用量大，加之环境风险大，磷石膏的安全堆存与综合利用已成为制约行业发展的一个重要因素。

1.4 典型大宗工业固体废物综合利用现状

1.4.1 铜尾矿的综合利用现状

我国矿山的尾矿及废石的综合利用，在遵循"减量化、资源化、无害化"的原则下，主要考虑的是就地消化、尽可能合理利用，化害为利，同时能采取防护措施，减少它们对环境的污染。金属矿山尾矿的物质组成虽千差万别，但其中基本的组分及开发利用途径是有规可循的。矿物成分、化学成分及其工艺性能这三大要素构成了尾矿利用可行性的基础。一般而言，尾矿的综合利用途径主要有：从尾矿中进一步回收有用组分；用尾矿加工生产建材；用尾矿生产农用肥料或土壤改良剂；用尾矿回填采场采空区；在尾矿堆积场覆土造地等。

就铜尾矿而言，综合利用情况主要从以下几个方面展开：

（1）用铜尾矿回填和复垦。采矿区充填是直接利用尾矿的最有效途径之一。尾矿只要处理得当，是一种很好的填充材料，具有就地取材、来源丰富和输送方便的特点，可省去扩建、增建尾矿库的费用。将尾矿用于矿井充填料，费用仅为碎石的1/4～1/10。

（2）用铜尾矿做土壤改良剂及微量元素肥料。铜尾矿中通常含有 Zn、Mn、Cu、Fe 等微量元素，这正是维持植物生长和发育的必需元素。因此用尾矿可以生产出肥料用于改良土壤，增加土壤内的有益金属含量，提高农作物抗病虫侵蚀的能力。

（3）利用铜尾矿作建筑材料。通过相关资料，尾矿在建筑工程和基础的应用，是最主要的利用方式，也是大幅度提高其利用率的根本途径。铜尾矿可直接用作砂替代品、水泥粗骨料等材料，而这些直接可以用于交通、土木工程等方面；铜尾矿中含有 Fe、Cu 等有益元素，可以用作水泥复合矿化剂；此外，铜尾矿还可用作装饰材料、墙体材料等方面。

1.4.2 铅锌尾矿的综合利用现状

目前国内对铅锌尾矿资源综合利用主要围绕有价资源再选、建筑材料应用与采空区回填复垦几方面展开。一般而言，对铅锌老尾矿，由于受开采年代技术限制其有价资源残余较多，多以尾矿再选处理；对无太多经济价值的铅锌尾矿，则考虑将其应用到建筑材料领域中；而尾矿用作采空区回填则对矿区生产安全、生态环境有积极作用。

1.4.2.1 尾矿再选

尾矿中最具经济价值的是其中含有的各种有价金属和矿物，这是尾矿综合利用时首先必须考虑的。铅锌尾矿再选有价资源主要有铅、锌、硫、萤石、重晶石、绢云母等。

韶关学院曾懋华等与凡口铅锌矿合作展开研究，针对凡口铅锌矿1号尾矿库的尾矿特征，采用细筛分级、摇床重选、重矿加硫化钠湿磨后直接浮选回收铅锌混合精矿的联合新工艺，获得了满意的效果，小试得到了含铅17.83%、含锌29.60%，回收率分别为71.82%和85.46%的铅锌混合精矿。山东理工大学王淑红等则主要考虑回收铅锌尾矿中的锌矿物，确定了先选锌硫化矿，再选锌氧化矿，最后合并精矿的浮选原则流程，先选硫化矿时，用硫酸铜活化后用丁基黄药捕收；而选氧化矿时采用硫化钠为硫化剂，同样用硫酸铜活化，然后用丁基黄药和羟肟酸联合捕收。也达到了锌精矿品位39.75%、回收73.74%的指标。江铜集团技术中心郭灵敏等介绍了其公司铅锌矿尾矿中的硫、铁资源综合回收，因其尾矿石中含有难选磁黄铁矿，受其影响铁精矿含硫超标，为此要加强硫的回收以降低铁精矿中有害杂质硫的含量，他们选用活化、强化、捕收等手段应对难选磁黄铁矿，采用浮选—弱磁选—浮选联合回收工艺，成功地获得了品位38.77%的优质硫精矿及含硫0.547%、铁58.04%的合格铁精矿。陕西省地质矿产实验研究所崔长征等对青海某铅锌尾矿中的重晶石进行了综合回收，通过对该尾矿矿石性质分析，进行了重选及浮选-重选联合工艺方案的试验研究，通过这两种工艺流程对比，最终决定采用浮选-重选联合工艺流程处理该铅锌尾矿，通过试验获得了 $BaSO_4$ 品位为90.18%，回收率为52.45%的重晶石精矿，有效回收了尾矿中的重晶石。湖南有色金属研究院肖福渐采用浮选流程，先选出硫化矿物，回收尾矿中的有色金属矿物；然后采用F-1为抑制剂、3ACH为捕收剂处理粗选绢云母，经一粗一扫三精回收绢云母含量分别达96%和64%以上的一、二级品，其中一级品在橡胶中的补强性能基本达到沉淀法白炭黑水平，二级品则全面超过硅铝炭黑的补强性能。

1.4.2.2 铅锌尾矿作建筑材料

铅锌尾矿是一种复合矿物原料，可生产多种建筑材料，我国在利用尾矿研制生产建筑材料方面已开展了大量研究工作，但仍存在不少问题。因此，加强铅锌尾矿在建材领域中的研究是缓减我国资源不足的有效途径。

（1）用作水泥生产原料。铅锌尾矿是铅锌矿厂采用浮选法选矿后排出的粉状或细沙状废渣，具有一定的可塑性，含有 CaO、SiO_2、Fe_3O_4、Al_2O_3 以及少量 MgO。由于其组成类似于水泥生料，因此可代替部分石灰石、页岩和石膏、铁粉来生产水泥熟料，同时它含有多种微量元素，是很好的矿化剂，对水泥煅烧有矿化和助熔作用，有利于改善生料易烧性，提高熟料质量。故将铅锌尾矿配入生料，代替部分黏土和铁粉，并作为矿化剂使用，可获得良好的社会经济效应。

贵州省建材科研设计院权胜民展开了铅锌尾矿与晶种作复合矿化剂烧制硅酸盐水泥熟料的试验工作，研究铅锌尾矿作矿化剂的可行性和最佳掺入量配比，实验中加入铅锌尾矿作矿化剂的试样抗折、抗压强度都有较大幅度提高，铅锌尾矿的最佳掺入量为 1%；同时复合矿化剂能起到矿化和助熔的作用，可降低最低共熔温度、改善易烧性、打破了"核化势垒"、降低液相出现的温度和黏度，由此降低熟料的烧成温度，烧制成本下降。南京工业大学宣庆庆则以铅锌尾矿为原料烧制了中热硅酸盐水泥，其性能符合 GB 200—2003 规定的强度等级 42.5 中热硅酸盐水泥的各项标准，并且其后期强度高于用黏土配料的试样。云南省建材科研设计院张平研究了铅锌尾矿作矿化剂对水泥凝结时间的影响，通过系统的实验后认为：含多种助溶组分的铅锌尾矿，如含硫的闪锌矿（ZnS），其矿化效果比单一组分的铅锌尾矿的矿化效果显著；以 ZnO 和 ZnS 为主要成分的铅锌尾矿单掺作矿化剂，高温煅烧时，掺量低于 1%，矿化作用不明显，掺量大于 1%，使水泥凝结时间延缓，但掺入 CaF_2 可以减弱 Zn^{2+} 对凝结时间延缓的影响，所以，在工业生产中，应尽可能采用铅锌尾矿与萤石复合矿化剂的双掺方案。广东佛山市峰江水泥有限公司叶绿茵在其 3 台 $\varphi3.0 \times 10$ m 机立窑上分别利用锅炉炉渣、铅锌尾矿渣配料烧制硅酸盐水泥熟料，以磷渣、粉煤灰作主要混合材生产 P.O 42.5R 水泥取得成功。

（2）用作建筑墙板材。武汉理工大学李方贤等用铅锌尾矿生产加气混凝土，分析了水料质量比、浇注温度和铝粉膏的掺量对加气混凝土发气的影响，以及铅锌尾矿、水泥和调节剂对加气混凝土强度的影响，确定了优化的工艺方案和配方，按优化的工艺和配方制备的加气凝土的抗压强度和抗冻性达到了 B06 级合格品要求，导热系数、干燥收缩值和放射性满足国家标准要求。北京矿冶研究总院矿物加工科学与技术国家重点实验室王金玲等用铅锌尾矿砂代替细砂制备的混凝土砌块砖，3d 抗压强度和 28d 抗压强度均有提高，试验混凝土砌块强度达到了国家 NY/T 671—2003 的 MU10 质量标准要求，说明该尾矿可以 100% 代替建筑细砂生产承重砌块和非承重砌块、墙砖，且抗压性能较好，由于该尾矿带有较深的颜色，不能生产装饰砌块。陕西省地质矿产勘查开发局赵新科以铅锌尾矿为原料，与当地黏土以 60∶40 的质量百分比掺和，经压制成型在 1080℃ 下焙烧 8h，成型的砖块完全可满足国家建材行业对建筑空心砖的质量要求，按照尾矿制砖建材工业用途，其加工技术工艺简单、效益显著。

1.4.2.3 采空区回填

矿床开采产生的地下大量采空区，易诱发矿区塌陷、矿震、崩塌、滑坡、矿井突水等地质灾害，采空区失稳问题受到广泛关注，将开采尾矿砂用作矿山充填的主体骨料，对采空区进行回填，是解决此问题的有效途径。尾矿砂充填是在井下采矿过程中，随矿石不断地采出至地表，利用废石、尾砂、河砂等惰性骨料或者在惰性骨料中加入胶凝材料充填采空区，以保证下一循环的采矿作业能有效地进行，充填作业是采矿过程中的一个工艺环节。

近年来发展起来的全尾砂膏体充填工艺，减轻或消除尾矿对地表或井下环境污染方面，效果非常显著。尾矿用作充填料，传统的水力充填（包括高浓度充填）均选用分级粗尾砂作为充填料。铅锌矿的尾矿未经再选就直接分离出毫米粒级进行采空区填充，对减少尾矿产出，减轻尾矿坝的库存起到了重要作用，经济效益十分明显。目前，很多矿山均采用这种回填方法。

1.4.3 赤泥的综合利用现状

长期以来赤泥的处置与综合利用一直在国际上受到广泛关注。国内外学者对赤泥的综合利用进行了大量的研究工作，提出了几十种关于赤泥综合利用的途径与方法。

（1）由于赤泥中含有一定的有价金属和非金属元素如 Fe、Si、Al、Ca、Ti、V、Sc、稀土元素、Ta 等，是一种宝贵而丰富的二次资源，因此从赤泥中回收有价金属和非金属具有重要意义。比如广西冶金研究院开展赤泥炼海绵-磁选分离铁的研究，回收率可达 90%。国内外科学家研究了从赤泥中回收稀有稀土金属的工艺，主要工艺是采用酸浸出工艺，其中包括盐酸浸出、硫酸浸出、硝酸浸出等。

（2）除了从赤泥中提炼出金属以外，国内外实践表明，用赤泥可生产出多种型号的水泥。俄罗斯第聂伯铝厂利用拜耳法赤泥生产水泥，生料中赤泥配比可达 14%。日本三井氧化铝公司与水泥厂合作，以赤泥为铁质原料配入水泥生料，水泥熟料可利用赤泥 5～20kg/t。另外，利用赤泥为主要原料可以生产多种砖。赤泥在建材工业中还可以生产玻璃、塑料填料等。但是在其应用中，必须注意赤泥本身含有的放射性元素，以免直接危害人体健康。

（3）赤泥在环境污染处理中的应用。泥在废水净化中的作用。赤泥颗粒对水体中的 Cu^{2+}、Pb^{2+}、Zn^{2+}、Ni^{2+}、Cr^{6+}、Cb^{2+} 等重金属离子具有较好的吸附作用。

Cengeloglu 用户赤泥吸附水中的氟化物。Ahundogan 用热处理和酸处理技术活化赤泥，酸活化赤泥对水体中的 As 有较好的吸附作用。Akay 以赤泥作为交叉流微滤过程的载体，清除水体中的磷酸盐。

虽然国内外在对赤泥综合利用研究上取得了很多重要进展，但总体上现有的综合利用技术存在着成本高、工艺复杂、经济效益较差，特别是其对赤泥处理量小，与其排放量不成比例等因素，导致到目前为止在世界范围内还没有实现赤泥的大规模利用，其综合利用与资源化问题仍然是世界性难题。

1.4.4 锰渣的综合利用现状

1.4.4.1 用于水泥生产

锰渣中成分复杂，现有研究已经从化学成分分析和力学性能测试中证明了锰矿渣粉是具有潜在活性的材料，可广泛用于建筑材料，现有研究已经表明，锰渣可以用作水泥的轻骨料、缓凝剂、矿化剂、地质聚合物凝胶材料、激发材料等。

（1）生产普通硅酸水泥。锰渣的主要物相是无定形玻璃体，具有较高的活性，在激发剂的作用下能起水化反应而产生胶凝性，可作为水泥生料和水泥混合材用于生产普通硅酸盐水泥。将锰渣掺入水泥中，不仅降低了水泥的生产成本，而且因为掺加量大而消耗大量锰渣，具有良好的环境效益和经济效益。江西新余钢铁总厂利用锰渣生产普通硅酸盐水泥，每生产一吨水泥约消耗锰渣 860kg，年利用锰渣 10 万吨。霍冀川，卢忠远等利用磷渣、锰渣、磷石膏等工业废渣生产普硅水泥，掺量可达 50% 以上，3d 抗压强度大 32.1MPa，28d 抗压强度达 58.6MPa。

（2）作水泥缓凝剂。水泥熟料磨成细粉与水相遇后会很快凝固，致使无法施工，在粉磨时掺入石膏就可调节凝结时间。电解锰渣为含 $CaSO_4 \cdot 2H_2O$ 较高的工业废料，其溶解度高于二水石膏，溶解速度略低于二水石膏，因此，利用电解锰酸浸渣替代（或部分替代）天然石膏作水泥缓凝剂在理论上是可行的。冯云等利用陕西石头河电解锰厂锰渣代替石膏作水泥缓凝剂，研究表明在理论、试验和生产实践上均是可行的，用锰废渣部分替代石膏的水泥性能优于用锰渣全部替代石膏的水泥性能。

关振英进行了电解锰废渣全部替代和部分替代石膏作水泥缓凝剂的试验。结果表明，电解锰废渣完全可以用作普通硅酸盐水泥的缓凝剂，添加量在国家标准范围以内，凝结时间正常，安定性合格，最佳掺量为 1.5% ~ 2.0%。刘惠章等将电解锰废渣分别在 105℃ 进行低温烘干和在 300℃ 高温煅烧处理，然后用其替代石膏配置水泥，并按国家标准检测方法对水泥性能进行了检测。结果表明，电解锰废渣的缓凝剂作用虽比天然石膏略差，但可完全替代天然石膏生产水泥；高温煅烧处理后电解锰废渣的缓凝和增强作用均优于低温烘干料。

（3）用于混凝土生产。硅锰渣中含有较高的玻璃体，潜在活性很高，在激发剂的存在下其活性得到发挥。利用水泥水化时产生大量的 $Ca(OH)_2$，以及水泥中含有 3%～5% 的二水石膏，这些激发剂将与锰渣超细微粒发生二次反应产生多种新物质，使混凝土强度得到较大的提高。郜志海，韩静云等以锰矿渣为掺和料替代 30% 水泥配制混凝土，早期的抗压、抗折、抗冻、抗渗和收缩性能均低于基准混凝土，但加入激发剂后，各种性能都大大提高。

1.4.4.2 用作墙体材料

自很多地区禁止使用黏土砖以来，电解锰废渣能否成为新型制砖材料受到众多关注，由于电解锰废渣中主要含 SiO_2，CaO，Fe_2O_3 和 Al_2O_3 等，因此较适合制作砖原料。利用尾矿渣、钢渣、沉积淤泥等废物烧结制砖的研究已取得一定成效。

现有研究表明锰渣也可以被用于制成免烧砖、烧结砖、蒸压砖和陶瓷砖。

（1）免烧砖。已有将建筑废料、磷石膏废弃物、钻井泥浆和钢渣等用于生产成本低廉的免烧砖。蒋小花，王智等发现将电解锰渣、粉煤灰、石灰、水泥等胶凝材料按一定比例混合加工，掺入骨料，压制成型可以生产一种电解锰渣免烧砖，其抗压强度可达到 10MPa 以上。

（2）烧结砖。作为建筑材料，烧结砖具有保温隔热、调节湿度、隔音、防火等优点。可以将飞灰、水库污泥、金属矿渣等用于生产烧结砖，降低成本的同时又保护环境。张金龙等配合电解锰渣、页岩、粉煤灰制得的烧结砖抗压强度可达到 22.64MPa，浸出锰含量也降至 0.6763mg/L，优于国家标准。若将上面 3 种材料与镉渣、铁渣、钙镁渣按一定配比混合，加入稳定剂腐殖酸钠后，可以降低烧结温度。

（3）陶瓷砖。由于传统电解锰渣的利用途径不是锰渣利用量小就是容易造成二次污染。张杰等针对遵义地区锰渣提出将其作为制备陶瓷墙地砖材料并进行了研究，发现除去干扰坯体白度锰、铁后，该方案是可行的，其中锰渣掺量为 30%～40%。

（4）蒸压砖。王勇将电解锰渣用于制取蒸压砖，在没掺入水泥的情况下，砖的强度最高只能达到 11MPa 左右，加入 10%～20% 水泥和 5%～10% 生石灰后，蒸压砖的抗压强度可以达到 20～30MPa，抗折强度 4.5～6.5MPa，此时的锰渣掺入量达到 60%。

1.4.4.3　用作路基材料

锰渣经过筛分后不同规格的渣可分别用于铁路道砟，代替土石料筑造公路路基、底基层、基层及路面筑造。但是徐凤广研究了用含锰废渣（苯胺法生产对苯二酚过程中产生的工业废渣）代替天然黏土作为公路路基的回填土，将含锰废渣和消石灰按一定配比进行混合。结果表明，含锰废渣完全能够代替一般黏土作为路基回填土，其抗冻、抗水性能较好，膨胀率低。研究的含锰废渣的化学成分与电解锰废渣的化学成分相似，因此电解锰废渣有望在路基材料方面获得应用。

1.4.4.4　用作微晶玻璃

根据电解锰废渣的化学成分可知，废渣中含有 SiO_2、CaO、MgO、Al_2O_3 等，其适用于制造 $CaO-Al_2O_3-SiO_2$ 系统或 $CaO-MgO-Al_2O_3-SiO_3$ 系统的微晶玻璃。

王志强[104]等以锰渣和碎玻璃等为主要原料制造微晶玻璃，研究表明在适当的工艺条件下能够制备出性能良好并具有很好装饰效果的微晶玻璃。经研究发现，碳铬渣具有很强的提高黏度和促析晶能力，而硅锰渣可以促进玻璃形成和熔制。在原料组成范围为碳铬渣 30%～40%，硅锰渣 30%～40%，钠钙碎玻璃 20%～30%（质量分数），1420℃下熔制 1h 获得的玻璃，在适当条件下进行热处理，可获得主晶相为透辉石及其固溶体的性能良好的微晶玻璃。此研究可为电解锰废渣制作微晶玻璃提供借鉴。

1.4.4.5　用锰渣制造锰肥

电解锰生产废渣中含有一定量的碳素有机质和硫酸铵，还有农作物生长所需的大量元素氮、磷、钾，中量和微量元素钙、镁、硫、铁、锰、锌、铜、硼、钼、氯、硅、硒等。相关研究表明电解锰渣养分完全，能肥田改土，且肥效稳长，中后期劲足，能增强作物抗病、抗虫、抗旱、抗倒伏等抗逆性能，最重要的是能提高作物产量。兰家泉提出适量的锰渣可以促进小麦的营养生长，鲜重比对照组的小麦重了 41.9%～156.9%。其后又调制出锰渣混配肥并初步对玉米进行试验，使玉米产量提高，取得了良好的效果，并将这种富硒全价肥（电锰渣混配肥）对小麦、水稻和油菜进行了试验，发现其肥力接近氮、磷、钾复合肥。徐放，王星敏等将电解锰渣和锰矿石的混合施用于小麦，锰矿石养分释放缓慢，增加了小麦后期的营养，改善了小麦的株高、穗长、穗粒数和百粒重，可以增加叶绿素含量 10%～27%。

虽然用电解锰废渣制造肥料的方法早已见诸中外文献，但未见在实践中得以成功推广的报道，在电解锰行业也未见证实的例证。用电解锰废渣制锰肥得不到推广的原因可能有两方面：

（1）该肥料对农作物的肥效不如氮肥和磷肥来得迅速和显著，因而得不到农民的重视和认可；

（2）绝大部分电解锰生产过程中都有用硫化物去除微量重金属的步骤，因而锰废渣中含有硫化物，而肥料中硫化物的存在会腐蚀禾根。锰废渣中类似硫化物成分的存在导致肥料对禾苗的负面影响也是上述研究材料中未曾论述的。因此电解锰废渣制全价肥需要进一步的开发和研究。

1.4.5 磷石膏的综合利用现状

我国磷石膏综合利用虽然起步较迟，基础较差，但发展较快。经过多年的努力探索，特别是在和有关科研单位及建材行业的相互协作共同研究下，磷石膏在多个领域的应用取得了很大的进展，突破了很多难题。

据初步统计，2010 年我国磷石膏综合利用量已达到 1260 万吨，综合利用率为 20%，年利用量相比上年增长了 23.5%。磷石膏已由"以储为主"向"储用并举"的方向转变。

从 2010 年磷石膏利用的各种途径以及利用量分析，磷石膏制水泥缓凝剂仍然是利用量最大的途径；同时，合作、联营的利用方式不断增多，外供磷石膏量有明显增加。具体情况见图 1-7。

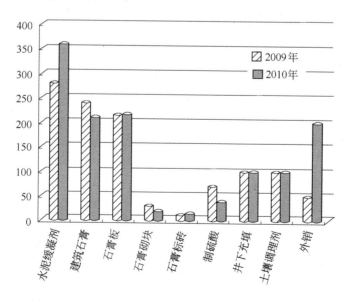

图 1-7 2009 年、2010 年磷石膏各种途径的利用量/万吨

磷石膏主要可在以下几个方面综合利用：

（1）磷石膏制硫酸联产水泥。经过不断地改进提高，该工艺技术基本成熟；

但由于各地磷矿成分差异较大，产生的磷石膏难以完全配制到水泥生料的成分组成中，再加上硫资源价值变化较大、经济效益和能耗有待于进一步提高等多种原因，磷石膏制硫酸联产水泥这条路线目前尚未得到广泛推广应用，正处于进一步深化研究之中。

（2）磷石膏制水泥缓凝剂。大量的实践证明，经过改性后的磷石膏完全可以代替天然石膏用作各种水泥缓凝剂，可比较明显地延缓水泥特别是对硅酸盐水泥的凝结时间。现已有安徽铜化集团、江西贵溪化肥有限公司、贵州瓮福集团、重庆涪陵化工、秦皇岛华瀛磷酸公司等十余家企业兴建了磷石膏制水泥缓凝剂装置。每年可消化磷石膏超过250万吨以上。用磷石膏替代天然石膏做水泥缓凝剂具有含量高、价格低、使用方便等优点，具有较大的发展潜力。

（3）加工生产石膏建材。磷石膏经预处理后煅烧制备的建筑石膏，可以用于制造纸面石膏板、纤维石膏板、空心条板以及其他石膏胶结粉体材料。

高质量的建筑石膏有较高的附加值，市场前景广阔。因此，针对磷石膏的特点，研发以磷石膏为原料制备高质量、规模化、能耗低的建筑石膏生产技术和装备，已被许多磷肥企业所采用。

（4）磷石膏制新型墙体材料。石膏墙体材料具有轻质、隔热、隔声、耐火、节能等特点，应用相当广泛，随着墙体改革的不断深入，以磷石膏为原料的墙体材料必将获得快速发展。由于现有的黏土砖耗用大量耕地而被国家明令限制，而烧结类墙材也因为耗能大逐渐被非烧类墙材所代替，所以利用磷石膏生产免烧砖和砌块前景相当可观。贵州开磷集团与重庆大学研发"利用磷石膏制成高强度、耐水承重的全息磷石膏砖"这一世界性科技项目，历经多年攻关取得了成功。

（5）磷石膏作土壤改良剂。磷石膏呈酸性，pH值为1~4.5，可作盐碱土的改良剂。多年来，国内一大批农科院所不断进行磷石膏改良土壤的试验研究。从江苏盐城市的试验结果可以看出，磷石膏改良土壤取得了肥田增产的明显效果。二水石膏和尿素在高湿度下混合，再经加热干燥，可制得吸湿性小而肥效比尿素还高的尿素石膏$[CaSO_4 \cdot 4CO(NH_2)]_2$，可减少氮的挥发，提高氮肥利用率。同时，磷石膏含有植物生长所需的磷、钙、硅等各种营养元素，因此可以利用磷石膏生产各种农用化肥。

磷石膏还可以作为路面基层，在其上直接修筑水泥混凝土路面板，使用性能良好。

环境风险评价

2.1 环境风险评价的国内外现状

环境风险评价是当前环境保护工作中的一个新兴领域。它的诞生一方面是环境保护的迫切需要，另一方面也是环境科学发展的必然结果，标志着环境保护由原先污染后的治理转变为污染前的预测和实行有效管理的一次重要战略转折。因此，环境风险评价愈来愈受到许多国家环保机构和有关国际性组织的重视。

20 世纪 60 年代以后，随着世界经济的发展，各种风险事故导致的环境问题日益突出，人们对社会环境中的各种潜在的危险也越来越关注。20 世纪 70 年代以后，环境保护的研究重点转移到污染物进入环境之前的风险管理，环境风险评价这一新兴领域应运而生。在现代工业高速发展的同时，世界环境史上曾发生多起震惊世界的重大环境污染事件。其中影响最大和后果最严重的当属 1984 年发生的美国联合碳化公司在印度博帕尔市的农药厂异氰酸甲基异氰酸酯毒气泄漏中毒事故及同是在 1984 年发生的切尔诺贝利核电站事故。其中印度博帕尔市毒气泄漏事故有 2500 多人中毒死亡，20 万人中毒受伤且其中大多数人双目失明致残，67 万人受到残留毒气的影响；据专家估计，前苏联切尔诺贝利核电站泄漏事故，对周边环境造成的破坏将是长久的。我国于 2005 年发生在吉林省吉林市石化公司双苯厂胺苯车间爆炸的化工事件，不仅严重污染了松花江的水环境，而且引起了中俄环境纠纷，对我国造成了巨大的经济损失。这是我国近年来引起关注最多的一起突发性化工事件，在这个背景下，环境风险评价这门学科迅速发展起来。

风险评价兴起于 20 世纪 70 年代几个工业发达的国家，尤以美国在这方面的研究独领风骚。在短短 20 多年中，就环境风险评价技术而言，大体上经历了三个时期：20 世纪 70~80 年代初，风险评价处于萌芽阶段，风险评价内涵不甚明确，仅仅采取毒性鉴定的方法；80 年代中期，风险评价得到很大的发展，为风险评价体系建立的技术准备阶段。美国国家科学院提出风险评价由四个部分组成，称为风险评价"四步法"即危害鉴别，剂量-效应关系评价，暴露评价和风险表征，并对各部分都作了明确的定义。由此，风险评价的方法和基本框架已经形成。在此基础上，美国 EPA 制定和颁布了有关风险评价的一系列技术性文件、准则或指南，但大多是人体健康风险评价方面的。例如，1986 年发布了致癌风险评价、致畸风险评价、化学混合物健康风险评价、发育毒物健康风险评价、暴露评价、超级基金场地（superfund sites）危害评价和风险评价等指南。1988 年又发布了内吸毒物（sytemictoxicants）和男女繁殖性能毒物等评价指南。1989 年，美国 EPA 还对 1986 年的指南进行了修改。因此，从 1989 年起，风险评价的科学体系已基本形成，并处于不断发展和完善的阶段。

由此可见，原先的风险评价主要限于人体健康风险评价，许多有害废物管理也是着眼于人体健康风险进行的。近年来，生态风险评价业已开始被人们重视，已处在同人体健康风险评价的同等地位。但是到目前为止，生态风险评价还没有一套方法指南。尽管有人将 NAS 模式加以改变后用于讨论生态风险问题，生态风险评价原则上也可按其四个方面进行，但由于生态风险评价不完全等同于人体健康风险评价，用于人体健康风险评价的一系列方法指南并不完全适用于生态风险评价。因此美国 EPA 从 1989 年以来一直致力于生态风险评价指南的制订工作，1992 年确定了一个生态风险评价指南制订工作大纲，原则上给出了生态风险评价的框架。从研究内容上看，大致上与 NAS 提出的"四步法"相同，但每一方面的重点和方法又有不同的内容。该大纲将生态风险评价过程分为三步：

（1）问题阐述（problem formulation），描述目标污染物的特性和有风险的生态系统，进行终点选择和有关评价中假设的提出。问题阐述是确定评价范围和制订计划的过程；

（2）分析阶段（analysis phase），主要从暴露表征和生态效应表征两个方面进行；

（3）风险表征。

目前国外环境风险评价主要包括人体健康风险评价和生态风险评价两方面，风险评价的科学体系已基本形成。相对来说，人体健康风险评价的方法基本定型，生态风险评价正处在总结、完善阶段。总的来说，目前环境风险评价具有如下的特点和趋势：研究热点已由人体健康风险评价转移到生态风险评价；从污染物数量来说，已由单一污染物作用进一步考虑到多种污染物的复合作用；从环境风险类型来说，不仅考虑化学污染物，特别是有毒有害化学物，而且还要考虑到非化学因子对环境的不利影响；从评价范围方面来说，由局部环境风险发展到区域性环境风险，乃至全球环境风险；生态风险不仅仅只考虑到生物个体和群体，而且考虑到群落，甚至整个生态系统；技术处理上由定性向半定量、定量方向发展。

环境风险评价技术，特别是生态风险评价，还有许多问题有待研究，其中主要有以下几方面：

（1）评价终点的选择。人体健康风险评价的终点，只有一个物种（受体为人），而生态风险评价的终点却不止一个，终点选择就成了生态风险评价过程的关键。对任何不同组织等级都有终点选择的问题，终点选择原则上根据所关注的生态系统和污染物特性来进行，对生态系统和污染物特性了解得愈深刻，终点选择就愈准确。由于生态系统具有复杂性，不同评价人员可以选择不同的终点，因此目前迫切需要有一个统一的方法来确定生态风险评价的终点。

（2）模型优化。模型在风险评价中的重要性是显而易见的，因为风险评价是研究人为活动引起环境不利影响的可能性，是根据有限的已知资料预测未知后果的过程，这就需要应用大量的数学模型才能完成。模型的优劣直接关系到整个风险评价结果的准确性。风险评价涉及的模型很多，主要有污染物环境转归模型、污染物时空分布模型、暴露模型、生物体分布模型、外推模型、风险计算模型等。风险评价就是由这些模型的组合，借助于计算机串联在一体的。随着风险评价越来越复杂，准确性要求越来越高，发展和完善各种数学模型始终是风险评价研究的重要方面。

（3）生态暴露评价。在人体健康风险评价中，暴露评价是测定人体暴露值大小、频率、途径和暴露时间，表征受暴露的人群。在生态风险评价中、暴露评价相对人体健康暴露评价来说是特别困难的，尤其是对暴露群体的表征，针对不同物种，它们栖息地环境差异很大，如水生环境、陆生环境和其他特定环境等。目前对生态暴露评价的定义还没有完全统一，一般认为生态暴露评价是测定污染物的空间和时间分布、存在形态、生物有效性以及与所关注的生态组分的接触状况。生态暴露评价是生态风险评价过程中最基本的组成部分，由于暴露系统的复杂性，目前还没有一个暴露的描述能适用于所有的生态风险评价。由于对存在风险的种群认识不完全、污染物有效性的因子了解不够、单一，特别是多种混合物暴露的剂量这一响应规律认识不够深入，以及将实验室结果外推到野外的不同时空范围的困难等，暴露评价中的许多因子都存在不确定性。显然，生态暴露评价远比人体暴露评价复杂，关键必须考虑污染物与生物体以及生态系统、污染物与环境间的相互作用、相互影响。因此，必须加强这方面评价方法和技术的研究。

（4）不确定性处理。不确定性处理一直是风险评价中的主要问题。不确定性来源于各种外推过程，例如：物种间外推、不同等级生物组织间外推、由实验室向野外情况外推，由高剂量向低剂量外推等。因此对不确定性的定量化处理是风险评价必须解决的关键技术问题。要发展各种外推理论，建立合适的外推模型。总之，随着环境保护进入一个新的时代，可以预见，环境风险评价研究必将对人类生存及自然环境的保护和改善作出新的贡献，并将对环境科学理论研究有新的推进。

在我国，20 世纪 80 年代开始重视环境事故风险的研究工作。1988 年 10 月北京环境科学学会在杭州召开了"环境风险评价"学术讨论会，1989 年 5 月，国家环保局召开"环境紧急事故应急措施研讨会"，开始风险评价试点工作，并于 1990 年颁发环管字第 057 号 5，《关于对重大环境污染事故隐患进行风险评价的通知》，要求对重大环境污染事故隐患进行环境风险评价。1993 年，国家环保局颁布《环境影响评价技术导则（总则 6）》规定：对于风险事故，在有必要，有条件时，应进行建设项目的环境风险评价或环境风险分析。1997 年，国家环保局、农业部、化工部联合发布的《关于进一步加强对农药生产单位废水排放监督管理的通知》规定：新建、扩建、改建生产农药的建设项目必须针对生产过程中可能产生的水污染物，特别是特征污染物进行风险评价。因此在 20 世纪 90 年代，我国的重大项目的环境影响报告书普遍开展了环境风险评价，尤其是世界银行和亚洲开发银行贷款项目的环境影响报告书中必须包含有环境风险评价的章节。《中华人民共和国环境影响评价法》于 2003 年 9 月 1 日开始实施，2004 年 12 月 11 日颁布执行《建设项目环境风险评价技术导则》。至此，我国环境风险评价有了明确具体的技术规范文件。

2.2 环境风险评价相关概念

2.2.1 风险与环境风险

风险（risk）的是指遭受损失、损伤或毁坏的可能性，描述的是一种事故发生的可能性，因此又将其定义为不良结果发生的概率。风险存在于人的一切活动中，如灾害风险、投资风险、污染风险、工程风险、健康风险等。狭义的风险指在一定时期内产生有害事件的概率与有害事件后果的乘积。在健康、安全与环境管理体系中，风险的定义指的是发生特定危害事件的可能性及其事件结果的严重程度，包括事件发生的可能性与事件后果的严重性。综合以上定义，本书将风险定义为：风险是一种潜在的危险（danger）状态，包括两层含义，即危险爆发的可能性（probability）与不确定性（uncertainty），以及危险的危害性后果。

在学术界，由于对环境风险理解和认识程度的不同。不同学者对其概念有着不同的解释。但总体来说，强调的都是环境风险发生的不确定性和环境风险表现为损失的不确定性。范小杉等认为环境风险是指在自然环境中产生的，或由人类活动引起的，或由人类活动与自然界的运动过程共同作用造成的，通过环境介质传播。可能对人类、人类经济社会及其赖以生存、发展的环境产生破坏、损失乃至毁灭性作用等不利后果的事件。钟政林等把环境风险定义为是由自然原因和人类活动（对自然或社会）引起的、通过环境介质传播、能对人类社会及自然环境产生破坏、损害乃至毁灭性作用等不良事件发生的概率及其后果的乘积，强调的是风险传播的方式及量化形式。从以上环境风险的内涵并结合《建设项目环境风险评价技术导则》中的建议，环境风险是指突发性事故对环境（或健康）的危害程度，用风险值 R 表征。量化环境风险较通用的方法为：

$$R[危害 / 单位时间] = P[事故 / 单位时间] \times C[事故 / 危害]$$

2.2.2 风险评价与环境风险评价

风险评价是对不良结果或不期望事件发生的概率进行描述及定量的系统过程。或者说，风险评价是对某一特定期间内安全、健康、生态、财政等受到负面影响的可能性评价。

环境风险评价（ERA）是预测风险事故的发生概率及事件后果的严重性以及相应采取的防范措施。广义上是指人类的各种开发行动所引发的或面临的危害（包括自然灾害）对社会经济、生态环境、人体健康等造成的风险以及可能带来的损失大小，并根据评估结果，结合社会经济发展情况进行管理和决策的过程；狭义上讲是指对有毒化学物质危害人体健康的影响程度进行概率估计，并以此拟出减小环境风险的方案和对策。环境风险评价的根本就是力图回答"风险有多大"的问题。目前已经成为环境风险管理和环境决策的科学基础和重要依据。

S. Contini 等认为一个完整的风险定量分析或评价程序应由危害识别、事故频率和后果估算、风险计算和风险减缓四个部分组成。1983 年美国科学院国家研究委员会提出后被美国环保局于 1986 年采用的风险评价的步骤，风险因素研究、风险评价和风险管理三个部分。亚洲开发银行推荐的风险评价程序包括危害甄别、危害框定、环境途径评价、风险表征或评价、风险管理五个部分组成。2004年原国家环境保护总局发布的《建设项目环境风险评价技术导则》中指出：环境风险评价内容包括风险识别、源项分析、后果计算、风险计算和评价、风险管理五个部分。

2.2.3 环境风险评价与环境影响评价的区别

环境影响评价是人们在采取对环境有重大影响的建设项目行动之前，在充分研究、实践调查的基础上，识别、评价和预测该建设项目行动可能带来的环境影响，根据评价结果，结合社会经济发展水平，同时与环境保护相协调，进行综合决策，并在建设项目开工行动之前指定出能够降低或消除环境负面影响的措施。环境风险评价是环境影响评价的重要组成部分。《建设项目环境风险评价技术导则》明确指出：为有利于项目建设全过程的风险管理，将建设项目环境风险评价纳入环境影响评价的范畴。二者相互联系，同时又相互区别。

环境影响评价更侧重于整个系统引起的影响，其影响程度是相对确定的，确定性与概率性相对较小。而环境风险评价主要是预测不确定性事件发生后造成的后果的严重程度，是对环境影响评价的深入、补充。环境影响评价研究重点是正常运行工况下，采用确定性的定量定性方法确定系统产生的影响以及所采取的措施，而环境风险评价重点是可能发生的事故，采用不确定的概率论及经验性方法为主，评价事故发生的可能性及事故可能产生的影响，防范对策主要以风险方法措施和应急计划为主。

2.2.4 环境风险评价与安全评价的区别

安全评价，也称为危险评价，以实现工程、系统安全为目的。应用安全工程的原理和方法，对工程、系统中存在的潜在危险、有害因素进行识别与分析，判断工程、系统发生事故和急性职业危害的可能性及其严重程度，提出降低危害或消除危害的对策建议，从而为工程、系统制定防范措施和管理决策提供科学的理论依据。环境风险评价与安全评价紧密联系，但各有侧重。安全评价指对重大工程项目总体的安全性进行评价，它对系统的各种潜在危害及运行期内可能出现的危险进行预测分析和综合判断，辨别设计及运行中的薄弱环节，查明其影响范围和严重程度，进而采取有效的和最优的安全防灾措施，保障安全生产。环境风险评价是在安全评价的基础上，筛选出最大可信的事故，计算该事故所释放泄漏的化学物质或热冲击波、抛射物等对环境造成的后果，评价其环境风险（可能性和后果的乘积）的可接受程度，环境风险评价与安全评价在风险识别、风险分析方法上相同，但归宿点不同。前者在环境，后者在工程项目本身。前者对危险因素识别重在能对环境造成灾害性影响的事故，后者重在对所有危险因素的消除。安全评价中的危险性识别和危险性评价面广、量大，而环境风险评价是在其基础上重点突出。两者如何结合，尤其是当一项新工程项目没有进行过安全评价时，其风险识别和分析难度，环境风险评价的工作量都很大，对评价工作者提出了很高的要求。

2.2.5 环境风险评价与生态风险评价

环境风险评价的归宿点是环境生态影响，即预测环境污染对生态系统（广义概念，包括人）或其中某些部分可能产生的有害影响，这就是生态风险评价。生态风险评价在受体表征、危害评价、暴露评价和风险表征4个构成要素方面，尤其是风险表征方面最为困难。至于将概率论运用到生态效应评价上，仍处探索阶段，可借鉴经验不多；而且作为受体的生物种或生态系统，往往暴露于来自多重途径的多种化合物的综合影响。目前研究多注重 LC_{50}、LD_{50} 等急性效应的极端终点和直接效应，而对慢性和间接效应研究较少也较难，因此导致环境风险评价结果的不确定性增加。

2.3 环境风险评价的基本内容及指标

2.3.1 环境风险评价的基本内容

2.3.1.1 风险识别

风险识别是分析建设项目哪里有环境风险，然后确定风险类型。根据引起有毒、有害物质向环境放散引发的危害环境事故的起因，将风险类型分为火灾、爆炸和泄漏三种。风险识别范围包括生产设施风险识别和生产过程涉及的物质风险识别。

2.3.1.2　源项分析

源项分析主要是进行危害识别，当有火灾、爆炸、垮坝等事故发生的时候，既要通过危害识别来确定危害类型。当有毒、有害物质释放时，则需要获得释放何种物质、释放量、释放方式、释放时间行为等数据，并应给出其发生的频率。此外源项分析还需要确定环境风险评价的等级、范围、时间跨度、对象人群等。常用的方法为特尔菲法。

2.3.1.3　后果计算

在风险识别和源项分析的基础上，最大可信事故对环境（健康）造成的危害和影响进行预测分析以及估算有毒、有害物质在环境中的迁移、扩散、浓度分布及人群的暴露剂量等。即对事故泄漏释放进入环境的有毒、有害物质，因在水体、大气、土壤中扩散，进而引发的环境污染，危害人群健康，影响生态环境的后果，进行预测，确定影响范围和程度。

2.3.1.4　风险计算和评价

主要是给出环境风险的计算结果及评价范围内某特定群体的致死率或有害效应的发生率。风险计算是建设项目环境风险评价的核心工作。综合分析确定最大可信事故危害的程度（受害点距源项或释放点的最大距离以及危害程度），包括造成厂（界）外环境的损坏程度，人员死亡，损伤及财产损失。用风险值 R 评价事故后果。风险可接受分析采用最大可信灾害事故的风险值 R_{max} 与同行业可接受风险水平 RL 进行比较：

$R_{max} \leqslant$ RL，本项目建设风险水平是可以接受的。

$R_{max} >$ RL，需采取减少事故的措施，使风险值达到可接受水平。

2.3.1.5　风险管理

主要是根据环境风险分析和评价结果，结合风险事件承受者的承受能力，按照恰当的法规条例，确定可接受的损害水平，并根据具体情况采取减少风险和转移风险的措施和行为，以降低或消除该风险，保护人群健康与生态系统的安全。

风险防范措施：

（1）选址、布置总图和建筑安全防范措施；

（2）危险化学品贮运安全防范措施；

（3）工艺技术设计安全防范措施；

（4）自动控制设计安全防范措施；

（5）电气、电讯安全防范措施；

（6）消防及火灾报警系统；

（7）紧急救援或有毒气体防护站设计。

应急预案：应确定不同的事故应急响应级别，根据不同级别确定应急预案。应急预案的主要内容应是消除环境污染和人员伤害的事故应急处理方案，并应根据需清除的危险物质的特性，有针对性地提出消除环境污染的应急处理方案。

2.3.2　环境风险评价标准和指标

环境风险评价标准是为评价系统的风险性而制定的准则，是识别系统的安全水平、安全管理有效性和对环境造成的危险程度，制定相应应急措施的依据。

风险评价标准应包含两方面的内容：

（1）风险事故的发生概率，如海堤或河堤，其设计堤坝中采用的百年一遇或千年一遇标准即为此内容。采用此标准即意味着其设计风险水平应达到每百年一次或每千年一次的防洪标准。

（2）风险事故的危险程度，主要反映风险事故所致的损失率，包括财产损失率和人员的死亡、重伤、轻伤率等。

（1）事故概率风险分析的最终结果可以用两种指标形式表示，即个人风险与社会风险。

1）个人风险：在某一特定位置长期生活的，未采取任何防护措施的人员，遭受特定危害的频率。通常此特定危害指死亡。个人风险常用风险等值线图表征，其风险值与距工厂的距离有关。

2）社会风险：描述事故发生概率与事故造成的人员受伤或致死数间的相互关系。社会风险常用余补累积频率分布或余补累积分布函数表示。

（2）风险定量分析或评价程序大体上分成三个阶段：

1）第一阶段为源项分析，它包括了图中的危害分析与事故频率计算，它的任务首先通过危害识别确定是火灾或爆炸，还是有害、有毒物的释放。若是后者，则应给出释放和重物质，释放量，释放方式，释放时间，行为数据，并应给出其发生的概率。

2）第二阶段为事故后果分析，此阶段相应于图中的后果估算。以有毒、有害物风险评价为例，此阶段主要任务是估算有毒、有害物在环境中的迁移、扩散、浓度分布及人员受到的照射与剂量。

3）第三阶段为风险表征或风险评价，它对应于图中的风险计算与风险评价阶段，主要任务是总结风险的计算结果及评价范围内某给定群体的致死率或有害效应的发生率。

广义的环境风险评价除了上述三个阶段外，还需增加第四阶段风险管理。

2.4 工业固体废物环境风险评价主要方法

在过去的三十多年中，我国经济发展模式属于粗犷型，工业经济发展主要依靠物质、资源的投入。为获取物质、原料和资源，在开采、洗（分选）选和冶炼过程必然产生大量的工业固体废物。我国一般大中型露天矿山年剥离量都在数百万吨以上；地下坑采每年也要产生数十万吨以上的废石；在选矿作业中每选出1t 精矿，平均要产出几吨或几十吨的尾矿；每冶炼出 1t 金属还要产出数吨的冶炼渣。第一次污染源普查结果表明，2007 年我国工业固体废物的产生量为 38.52亿吨，贮存量为 15.99 亿吨，贮存率为 41.5%，工业固体废物的大量产生与堆放，会造成土地浪费、资源浪费并带来潜在的环境风险。其中包括水污染风险、大气污染风险、土壤污染风险及生态污染风险。

对这些大宗工业固体废物的尾矿库（渣场），目前国内主要关注其安全性评价，如：魏作安等对尾矿库的安全性、稳定性进行了大量的评价研究，但是尚未有一套完整评价体系来评价其环境风险。环境风险评价的方法繁多，使用较多的有：生命周期评价法、安全检查表评价法、概率风险评价法、模糊逻辑评价法、层次分析法、统计分析法、公式评价法、图形叠加法、神经网络评价法、事故致因突变模型评价法等。根据各方法特性和大宗工业固体废物污染源环境风险评价的技术需求，本节主要介绍以下五种风险评价方法。

2.4.1 生命周期评价法

生命周期评价法（Life Cycle Assessment，简称 LCA），是一种评价潜在环境影响以及贯穿产品整个生命周期所用的资源，如原料的获取、产品的生产、产品的销售以及废物管理阶段的方法。LCA 起源于 1969 年美国中西部研究所受可口可乐委托，对饮料容器从原材料采掘到废弃物最终处理的全过程进行的跟踪与定量分析。20 世纪 90 年代，LCA 受到了广泛的关注。由于它的迅速发展以及各国对该方法的需求，诞生 LCA 国际标准，这也标志着 LCA 发展成为一套成熟、稳定的评价方法。各国也通过一系列的指导方针和教学材料为 LCA 国际标准的一致性和规范性进行了补充完善，其中包括联合国环境规划署、国际环境毒理学和化学学会以及 LCA 欧洲委员会编写的生命周期倡议书和生命周期数据系统。LCA通常有四个步骤：目的与范围的确定、清单分析、影响评价和结果解释，其中影响评价是评价的重点。

LCA 对产品整个生命周期的评价是其他评价方法所不能达到的，其范围广泛的特点有利于避免问题的转化，例如在生命周期中相的转化、区域的转化以及环境问题的转化。目前市场上有许多可用于 LCA 的软件，如 Gabi 等。在欧洲委员会（EC）网站中也能下载一些关于 LCA 的注册软件、工具和数据，这些软件能满足不同决策者的需求特点，而且还考虑到了数据清单计算的合理性。还可以运用 LCA 进行评价的经典的例子作为评价工具，如 Nielsen 等对固废填埋场的评价，Doka 建立的废物处理、售后服务生命周期清单（LCI），Hellwe 等对生态废物的评价，还有各类焚烧工艺的评价。

在选矿过程和尾矿中，LCA 的应用开始于 20 世纪 90 年代中后期，最初关注于完成金属生产过程的生命周期清单（Life Cycle Inventories，简称 LCI），以便支持消费品的选择和设计的 LCA。之后 LCA 的运用扩展到公司的项目及加工方法的选择。尽管 LCI、LCA 的相关方法有一定的限制性，但在矿业—矿物可持续发展的项目（The Mining, Minerals and Sustainable Development）中，LCA 还被认为是一种在行业决策中提供环境风险评价的有用方法。该方法的运用需要建立生命周期清单（LCI），即大量采集可信的数据。

生命周期评价方法的技术框架：

2.4.1.1　目标定义和范围界定

确定目标和范围是 LCA 研究中第一步也是最关键的部分，这部分由确定研究目标、范围、建立功能单位、建立一个保证研究质量的程序等几部分组成，它为研究的范围、前提和限制性条件提供了一个前期的界定。

研究目标应包括一个明确完成 LCA 原因的说明和结果的预计使用目的，目标应阐明：依据研究结果将做何决定，需要什么信息，达到何种细节水平和为了什么目标，特别还要考虑 LCA 的结果是用于公司内部提高系统的环境性能，还是外部使用，例如影响公共政策。在研究范围的界定中，要考虑以下项目并作清楚的描述：系统的功能、功能单位、系统边界、数据分配程序、环境影响类型、数据要求、假定的条件、限制条件、原始数据质量要求、对结果的评议类型、研究所需的报告类型和形式等。

范围应定义得足以保证研究的广度和深度与要求的目标一致。另外，LCA 研究是一个反复的过程，根据收集到的数据和信息，可能修正最初设定的范围来满足研究的目标。在某些情况下，由于某种没有预见到的限制条件、障碍或其他信息，研究目标本身也可能需要修正。

2.4.1.2　清单分析

清单分析是 4 个部分中发展最完善的一个。它是对产品、工艺过程或活动等研究系统整个生命周期阶段资源和能源的使用以及向环境排放废物等进行定量的技术过程。清单分析开始于原材料的获取，结束于产品的最终消费和处置，其一般范围见图 2-1。一个完整的清单分析能为所有与系统相关的投入和产出提供一个总的概况，清单分析的简化程序如图 2-2 所示。

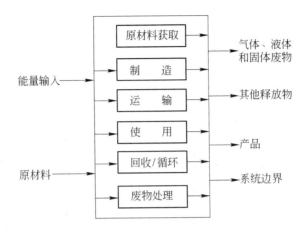

图 2-1　生命周期清单分析的一般范围

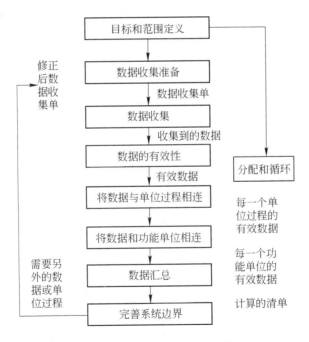

图 2-2　清单分析的简化程序

在清单分析方法中，任何产品和服务都需要作为一个系统来描述，一个系统被定义为：完成一定特定功能并与物质和能量相关的操作的集合（例如制造过程、运输过程和燃料采集过程）。系统从包围它的系统边界中分离出来。边界外的所有区域叫做系统环境，系统环境是系统所有输入的源泉，也是系统所有输出场所。

2.4.1.3   生命周期影响评价

在 LCA 中，影响评价是对清单分析中辨识出来的环境负荷的影响作技术的定量和或定性的描述和评价。影响评价目前正在发展之中，还没有一个达成共识的方法。影响评价由 3 个部分组成：影响分类、特征化和量化评价。

影响分类（classify）是将清单分析得来的数据归到不同的环境影响类型。影响类型通常包括资源耗竭、人类健康影响和生态影响 3 大类。每一大类又包含有许多小类。需要注意的是，一种具体类型，可能会同时具有直接和间接两种影响效应。

特征化是分析/定量中的一步，这里可能将每一种影响大类中的不同影响类型汇总，但必须以环境过程的有关科学知识为基础。目前完成特征化的方法有不少。一种方法是用统一的方式将来自清单分析的数据与无可观察效应浓度（NO-ECS）或特定的环境标准等相系。另一种方法是试图模拟剂量 2 效应间的关系，并在特定的场合运用这些模型。目前，许多工作放在不同影响类型的当量系数（Equivalency Factors）的开发和使用上。特征化阶段更进一步的发展是对某一给定区域的实际影响量进行归一化，这样做是为了增加不同影响类型数据的可比性，然后为下一步的量化评价提供依据。无论用什么方法，从影响评价中得出结论的依据必须在研究报告中给予完整的描述。

量化评价是确定不同影响类型的贡献大小即定权重，以便能得到一个数字化的可供比较的单一指标。

2.4.1.4   改善评价

改善评价主要是识别、评价和选择减少研究系统环境影响或负荷的方案。确定和评价与减少能量和原材料使用有关的环境影响的机会。为了每个功能单位的环境性能都能得到改善，产品和过程的投入以及对环境的产出都要评价。能否得到改善，要依赖于清单分析、影响评价或二者的结合。改善的机会也应该被评价以确保它们不产生额外的影响而削弱提高的机会。改善评价是目前发展最少的。

LCA 是一种评价产品、工艺过程或活动从原材料获取到加工、生产、运输、销售、使用、回收、养护、循环利用和最终处理等整个生命周期系统环境影响的过程，它是环境管理和决策的重要工具之一。这一方法的发展已有近 30 年的历史，到目前为止，对清单分析的研究较深入、系统和完整，而影响评价和改进评价研究进展缓慢，遇到的技术困难也很多。展望未来该领域的趋势，生命周期分析的研究重点可分为 8 个方面：

（1）生命周期的环境与生态风险分析；

（2）生命周期的环境/生态决策方法；

（3）生命周期废弃物的减量化、无害化和资源化生态工程技术；

（4）生命周期管理标准；

（5）生命周期管理政策与手段；

（6）生命周期的生态经济评价方法；

（7）生命周期管理的信息系统；

（8）产品生命周期设计。

这些问题的解决将促进生命周期分析的系统化和完备化。这一分析方法在未来会逐步成型，可为全球、区域或地区环境或生态管理提供强有力的科学方法，为不同地域的可持续发展奠定坚实的技术基础。

2.4.2 安全检查表评价法

安全检查表评价法（Safety Check List，简称 SCL），是由一些有经验且对工艺过程、机械设备和作业情况熟悉的人员，事先通过对检查对象共同进行详细分析、充分讨论，把检查对象加以分解，将大系统分割成若干小的子系统，以提问或打分的形式列出检查项目和检查要点并编制成表，以便之后进行检查和评审。安全检查表产生于 20 世纪 30 年代工业迅速发展时期。当时，由于安全系统工程尚未出现，安全工作者为解决生产中遇到日益增多的事故，运用系统工程的手段编制了一种检验系统安全与否的表格。系统工程广泛应用以后，安全检查表的编制逐步走向理论阶段，使得安全检查表的编制越来越科学、全面和完善。目前 SCL 已被国内外广泛采用，并扩展到各个领域。例如：SCL 在铁路劳动安全管理上的应用，SCL 在港口工程危险源辨识中的应用以及 2009 年世界卫生组织运用 SCL 对外科手术中的存在的风险进行了评价，并取得了较好的效果，避免了许多风险隐患等。使用安全检查表法进行施工危险源辨识，可以突出重点、避免遗漏，便于发现和查明危险和隐患，便于存档。有利于落实安全生产责任制，并可作为安全检查人员履行职责的凭据。安全检查表检查的重点在装置设备状态，设备建、构筑物的安全距离等，着重调查当前状况，缺乏对装置及设备过去的了解。针对此问题，韩其俊对安全检查表法进行了改进，加入了历史资料查阅及调查提纲，解决了缺乏对装置、设备过去的了解，也为之后安全检查表的发展提供了帮助。

SCL 主要适用于现场安全检查人员，侧重于安全评价，缺少对环境风险的评价。为了使评价工作得到关于系统安全程度方面量的概念，开发了许多行之有效的评价计值方法。根据评价计值方法的不同，安全检查表评价法又分为逐项赋值法、加权平均法、单项定性加权记分法以及单项否定计分法。

2.4.2.1　逐项赋值法

这种方法应用范围较广。他是针对安全检查表的每一项检查内容，按其重要程度不同，由专家讨论赋予一定的分值。评价时，单项检查完全合格者给满分，部分合格者按规定标准给分，完全不合格者记零分。这样逐项、逐条检查评分，最后累计所有各项得分，就得到系统评价总分。根据实际评价得分多少，按标准规定评价系统总体安全等级的高低。

$$m = \sum_{i=1}^{n} m_i \tag{2-1}$$

式中　m——系统安全评价的结果值；

　　　m_i——某一评价项目的实际测量值。

2.4.2.2　加权平均法

这种评价计值方法是把企业的安全评价按专业分成若干评价表，所有评价表不管评价条款多少，均按统一记分体系分别评价记分，如 10 分制或 100 分制等，并按照各评价表的内容对总体安全评价的重要程度，分别赋予权重系数（各评价表权重系数之和为 1）。按各评价表评价所得的分值，分别乘以各自的权重系数并求和，就可得到企业安全评价的结果值，即：

$$m = \sum_{i=1}^{n} k_i m_i \quad 且 \quad \sum_{i=1}^{n} k_i = 1 \tag{2-2}$$

式中　m——企业安全评价的结果值；

　　　m_i——某一评价表评价的实际测量值；

　　　k_i——某一评价表实际测量值的相应权重系数；

　　　n——评价表个数。

按照标准规定的分数界限，就可确定企业在安全评价中取得的安全等级。

2.4.2.3　单项定性加权计分法

这种评价计量方法是把安全检查表的所有检查评价项目都视为同等重要。评价时，对检查表中的几个检查项目分别给以"优"、"良"、"可"、"差"，获"可靠"、"基本可靠"、"基本不可靠"、"不可靠"等定性等级的评价，同时赋予不同定性等级以相应的权重值，累计求和，得到实际的评价值。即：

$$S = \sum_{i=1}^{n} f_i g_i \tag{2-3}$$

式中　S——实际评价值；

n——评价等级数；

f_i——评价等级的权重系数；

g_i——取得某一评价等级的项数和。

2.4.2.4 单项否定计分法

一般单项否定计分法不单独使用，而仅适用于企业系统中某些具有特殊危险而又非常敏感的具体系统中。如煤气站、锅炉房、起重设备等。这类系统往往有若干危险因素，其中只要有一处处于不安全状态，就有可能导致严重事故的发生。因此，把这类系统的安全评价表中的某些评价项目确定为对该系统安全状况具有否决权的项目，这些项目中只要有一项被判为不合格，则视为该系统总体安全状况不合格。这种方法已在机械工厂和核工业设施以及铁路运输企业的安全评价中采用。

2.4.3 概率风险评价法

概率风险评价法（Probabilistic Risk Assessment，简称 PRA），是以某种伤亡事故或财产损失事故的发生概率为基础进行的系统风险评价方法。在 20 世纪 70年代，美国原子能委员会（AEC）应用事件树和故障树相结合的分析技术首次成功地对核电站的风险进行了综合的评价，并以定量的方式给出了核电站的安全风险后，美国核管理委员会（NRC）开始使用 PRA 来支持其管理过程，从此 PRA得到了广泛的运用。在"挑战者"事件之后，美国航空航天局（NASA）制定了更严格的安全和质量保证大纲，采用概率评价方法对航天任务进行评价，并开发了一套完整的 PRA 程序对航天飞机的飞行任务进行评价。欧空局（ESA）的安全评价也从以定性为主转向定量评价，并开发了自己的风险评价程序。一般地，PRA 由以下几部分构成：

（1）研究熟悉系统；

（2）分析初始事件；

（3）事件链分析；

（4）初始事件和中间事件概率的评估；

（5）后果分析；

（6）风险排序和管理。

PRA 不仅是一个风险评估方法，而且可以作为一个风险管理技术。在实际应用中，该法在美国和大多数的欧洲国家获得了显著的效果。因为 PRA 耗费人力、物力和时间，它最适合以下几种系统的风险评价：

（1）一次事故也不允许发生的系统，如洲际导弹、核电站等；

（2）安全性受到世人瞩目的系统，如宇宙航行、海洋开发工程等；

（3）一旦发生事故会造成多人伤亡或严重环境污染的系统，如民航飞机、海洋石油平台、石油化工和化工装置等。

PRA 主要强调综合集成方法。PRA 的基本思路是：要求自下而上（如 FMEA）与自上而下（如 FTA）相结合，将定性与定量相结合，将多种试验数据（本系统、分系统、单机的直接试验和类似系统的试验数据）、多种有关信息、模型计算结果和专家经验有机结合它既强调应用定量计算，又特别注重利用设计师的实际经验进行定性分析，典型的 PRA 实施过程包括：定义目标与系统分析、识别初因事件、事件链建模、确定事件的故障模式、数据的收集和分析、模型的量化和集成、不确定性与敏感性分析、评价结果与分析（重要度排序）等步骤。PRA 的具体步骤为：

（1）定义目标与系统分析。恰当地定义评估目标（系统、分系统级、单机级等），确定最终状态所不期望的后果。

（2）识别初因事件。在完整的事件链中。首先要识别初因事件。必须正确地识别出来。可以采用主逻辑图（MLD）或 FMEA 等来实现。

（3）事件链建模。采用事件树（ET）建立事件链模型，从初因事件开始，经轴心事件到达最终状态，有时可以首先通过事件序列图（ESD）来描述事件链。因为从工程分析的角度来看，事件序列图比事件树更有优势，事件序列图可进一步转换为可以量化的事件树。

（4）关键事件故障模式的确定。事件链的轴心事件（关键事件）采用故障树来确定关键事件的故障模式。

（5）数据采集与分析。PRA 的关键是正确给出故障模式与构成底事件的基本事件的发生概率，采集与处理不同类型的数据是 PRA 的难点，对数据进行分析处理以定量分析事件链和故障原因。这些数据一般包括：元器件失效率、初因事件概率、结构失效概率、人为差错概率、共因失效概率等。

（6）模型的量化和集成。通过对获取的基本事件的概率分布进行量化处理。可以得到事件链上关键事件的发生概率在独立假设的条件下。事件树的每个最终状态出现的概率是初因事件和关键事件条件概率的乘积。由此得到各条事件链的发生概率，可以确定出各事件链对最终故障状态发生的影响程度。从而对事件链进行排序。

（7）不确定性分析。PRA 必须对量化结果进行不确定分析，作为量化分析的重要组成部分。进行不确定性分析是为了评价计算出来的风险结果的认知度或可信度。定量估计最终状态的事件链的概率，并按照风险级别对各种初因事件和影响程度进行排序，由于输入数据和模型假设中的不确定性沿着模型传播。因此在估计最终状态的不确定性时要考虑这一因素，许多仿真方法可以用来进行不确定性分析。其中蒙特卡罗仿真方法是应用最广的一种。

敏感性分析用来分析输入单元值的变化在部分或最终风险结果中所引起的最大变化。它可以识别出基本事件中对事故敏感的那些事件。

（8）结果分析。通常，用文字和图表的形式表示出 PRA 的风险结果、假设条件及敏感性分析结果。PRA 能够分析出不同分系统（单机）之间的接口作用。可以辨识出对可靠性、安全性风险有显著影响的关键因素。PRA 最重要的输出之一就是对主要事件链和初因事件进行排序，以进一步确定降低可靠性、安全性风险的措施，同时可以为飞控故障预案的制定提供决策依据。

2.4.4 模糊逻辑评价法

模糊逻辑评价法（Fuzzy Logic Assessment，简称 FLA），是随着模糊数学的迅速发展而出现的一种全新的基于模糊集理论的评价方法。模糊集理论用于环境风险评价是环境评价领域的重大变革。如 Anile 等基于模糊逻辑开发了一种适用于在社会经济的环境等多种因素作用下对江河使用的影响评价。Andre'de Siqueira 和 Renato de Mello 依靠模糊逻辑开发了一种评价环境影响的决策方法，此方法用于比较巴西圣卡塔利娜岛高速公路工程的环境影响评价，并给出了最佳选择决策。随着计算机的迅猛发展，模糊逻辑进行了不断完善，Roberto Peche 通过计算机软件对模糊逻辑进行处理，并运用到环境风险评价中，取得了很好的效果。

FLA 的最大优势在于它可以体现出人类所具有的处理不精确、不确定和难以定量化的信息的能力。模糊集理论可以通过运用"部分真实"的概念来量化变量的不确定性，依靠隶属函数来确定集合中要素的"隶属度"。与其他方法比较，它的优点是：用隶属函数描述分界线，使评价结果接近客观。尤其是在风险性评价系统领域，它体现了模糊性的客观现实，使得评价中的数据易于测取，可以将风险评价结果表述得更易于让决策者和公众理解，所以，这种方法对于决策过程也是极为有用的。FLA 以一种精确的方式为模型系统或人为判断产生的不精确、不确定信息的使用提供了新途径。

模糊逻辑主要由模糊化、逻辑规则、逻辑推理和清晰化四个过程组成，其过程如图 2-3 所示。具体步骤及方法如下所述。

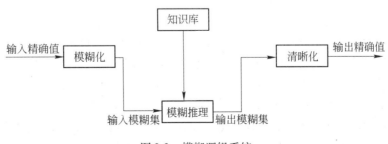

图 2-3　模糊逻辑系统

2.4.4.1 模糊化

模糊系统的输入和输出都是模糊量，但是在实际的工程应用中，测量资料几乎都是精确量，如速度、位置等。将精确量输入模糊系统中，需要首先将其模糊化，具体过程为：

（1）测量：测量输入变量的值。

（2）变换：将测量值进行尺度变换，使其转换到各自的论域范围。

（3）模糊化：将已经变换到论域范围的输入量进行模糊处理，使原先精确的输入量变成模糊量，并用相应的模糊集合来表示。

2.4.4.2 知识库

知识库中包含了具体应用领域的知识和要求，由数据库和规则库组成。

（1）数据库：数据库主要包括各个语言变量的隶属度函数、尺度变换因子、模糊空间的分级数、配合模糊关系合成运算与解模糊化的运算法则等等。一般常用的连续型模糊变量的隶属度函数包括：三角形隶属度函数，高斯形隶属度函数和梯形隶属度函数等。

（2）规则库：规则库存储了许多以语言形式表达的控制规则，它们是根据专家对控制系统特性的了解推导出来的定性扩展策略。其规则用 IF-THEN 语句表达：

IF⟨condition i⟩，THEN⟨action i⟩。i = 1，2，…，N，规则前件 IF 部分用来判断该规则是否成立的条件，后 THEN 部分表示符合条件的结果。

2.4.4.3 模糊推理

模糊推理是模糊系统的核心，它具有模拟人的基于模糊概念的推理能力。该推理过程是基于模糊逻辑中的蕴涵关系及推理规则来进行的。

模糊蕴涵关系也是一种模糊算子，其输入是规则前件被满足的程度，输出是一个模糊集合。例如规则"如果 x 是 A，则 y 是 B"表示了 A 与 B 之间的模糊蕴含关系，记为：A→B。模糊蕴含关系主要包括直觉判据以及一些模糊蕴涵算子：最小运算、含积运算、算术运算、最大最小运算、布尔运算以及标准法运算。应当指出的是，建立在普通集合上的布尔逻辑，任何命题只有两种取值：即逻辑真（1）或者逻辑假（0）。而模糊逻辑则是建立在模糊集合上的。命题的真实性只是一定程度的真实性。命题的取值除了真和假外，还可取 0 与 1 之间的任何值（例如 0.8）表示命题断言为真的程度。

模糊推理中的推理规则可以按照多种方式分类，从模糊规则是否含有模糊量词的角度，大致可以分为两类：基本推理规则，这些规则中不含模糊量词；倾向推理规则，这些规则的前件中含有模糊量词。

2.4.4.4 清晰化

清晰化的作用是将模糊推理得到的模糊量变换为精确量的一种转换。主要包括以下两个方面：

（1）清晰化：将模糊量清晰化为论域范围的清晰量。

（2）变换：将论域范围的清晰量尺度变换为精确量。

常见的清晰化方法主要有：最大隶属度法、加权平均法、重心法和最大平均值法。

2.4.4.5 常用模糊逻辑隶属函数

模糊集使得某元素以一定程度属于某集合，某元素属于某个集合程度在闭区间 $[0,1]$ 上的取值，该值称为隶属度。将一个元素映射到一个合适的隶属度是由隶属函数来实现的，隶属函数可以是任意形状的曲线，其值域为 $[0,1]$，常用的隶属函数有以下几种：

（1）高斯函数型隶属函数。高斯函数型隶属函数由两个参数 $\{c,\delta\}$ 确定：

$$f(x,\delta,c) = e^{\frac{(x-c)^2}{2\delta^2}}$$

式中，c 确定函数的中心；δ 确定函数的宽度。

（2）柯西函数型隶属函数。柯西函数型隶属函数由三个参数 $\{a,b,c\}$ 确定：

$$f(x,a,b,c) = \frac{1}{1 + \left| \dfrac{x-c}{a} \right|^{2b}}$$

式中，c 确定函数的中心；a 确定函数的宽度；b 是边缘的斜率参数。

（3）sigmoid 型隶属函数。sigmoid 型隶属函数有两个参数 $\{a,c\}$ 确定：

$$f(x,a,c) = \frac{1}{1 + e^{-a(x-c)}}$$

（4）梯形函数型隶属函数。梯形函数型隶属函数由四个参数 $\{a,b,c,d\}$ 确定：

$$f(x,a,b,c,d) = \begin{cases} 0 & x \leq a \\ \dfrac{x-a}{b-a} & a \leq x \leq b \\ 1 & b \leq x \leq c \\ \dfrac{d-x}{d-c} & c \leq x \leq d \\ 0 & x \geq d \end{cases}$$

也可以表示为：

$$f(x,a,b,c,d) = \max\left[\min\left(\frac{x-a}{b-a},1,\frac{c-x}{c-b}\right),0\right]$$

式中，a 是梯形左边底角顶点坐标；b 是梯形左边顶角顶点坐标；c 是梯形右边顶角顶点坐标；d 是梯形右边底角顶点坐标。

（5）三角形函数

$$f(x,a,b,c) = \begin{cases} 0 & x \leqslant a \\ \dfrac{x-a}{b-a} & a \leqslant x \leqslant b \\ \dfrac{c-x}{c-d} & b \leqslant x \leqslant c \\ 0 & x \geqslant c \end{cases}$$

也可表示为：

$$f(x,a,b,c) = \max\left[\min\left(\frac{x-a}{b-a},\frac{c-x}{c-b}\right),0\right]$$

式中，a 是三角形左边底角顶点坐标；b 是三角形顶角顶点坐标；c 是三角形右边底顶角顶点坐标。

2.4.5 层次分析法

层次分析法（Analytic Hierarchy Process，简称 AHP），是将与决策有关的元素分解成目标、准则、方案等层次，在此基础之上进行定性和定量分析的决策方法。该方法是美国运筹学家 T. L. Saaty 于 20 世纪 70 年代初，在为美国国防部研究"根据各个工业部门对国家福利的贡献大小而进行电力分配"课题时，应用网络系统理论和多目标综合评价的方法，提出的一种层次权重决策分析方法。

AHP 的运用方面很广，如：

（1）选择方面，Lai 等运用 AHP 对多媒体授权系统（MAS）软件进行了选择。Ying-Chyi Chou 对科学技术的人力资源标准选择进行了评价。

（2）评价方面，Akarte 等运用 AHP 对铸件供应商进行了评价选择。Guozhong Zheng 等对安全生产进行评价。

（3）利益-成本分析，Chin 等运用 AHP 对不同的两种目的成功因素进行了评价，得出了最优解。Ezatollah Karami 对优化农民灌溉收割方法进行评价。

（4）分配问题，Badri 运用 AHP 对设施选址及分配问题给予了最优解的参考建议。

（5）规划发展，Crary 等对美国驱逐舰规划方案分析的一部分运用了 AHP 进行排列、计算。

（6）权重等级问题，Badri 结合 AHP 和 GP 模拟了质量控制系统模型，计算出各因子的权重级别。

（7）决策问题，Miyaji 运用 AHP 解决了教育决策问题。

（8）预测问题，Korpela 等运用 AHP 对库存进行了预测分析。

（9）医学及相关领域，Rossetti 等运用 AHP 对医院的分配系统的多目标问题进行了评价分析。Ludovic-Alexandre Vidal 对临床混合化学疗法的药物选择进行了评价。

（10）质量功能配置（QFD）方面的应用，为了吸引足球爱好者，Partovi 等在 QFD 中运用 AHP 对游戏得分进行了制作。在环境风险评价方面，E. Topuz、Jiahao Zeng 等人用 AHP 法对化学物质、建设项目存在的风险进行了评价，得到各指标风险权重，并用实例验证了此方法的可行性。

AHP 的特点是在对复杂的决策问题的本质、影响因素及其内在关系等进行深入分析的基础上，利用较少的定量信息使决策的思维过程数学化，从而为多目标、多准则或无结构特性的复杂决策问题提供简便的决策方法。尤其适合于对决策结果难以直接准确计量的场合。层次分析法最大的优点是提出了层次本身，它使得决策者能够认真地考虑和衡量指标的相对重要性。AHP 比较适合于具有分层交错评价指标的目标系统，而且目标值又难于定量描述的决策问题。AHP 一般包含分解（decomposing）、加权（weighing）、评估（evaluating）、分析（analysis）4 个步骤。

2.4.5.1　建立多级递阶层次结构模型

根据对问题的了解和初步分析，将分析系统涉及的各要素按性质分层排列，最简单的层次结构可分为 3 级：

（1）第 1 级是目标层（最高层），该级是系统要达到的目标，一般情况下只有一个目标，如果有多个分目标，可以在下一级设立一个分目标层。

（2）第 2 级是准则层（中间层），该级列出衡量达到目标的各项准则，如果某些准则还需具体化，即做进一步解释说明，则可在下一级再设立一个准则层。

（3）第 3 级是措施层（最低层），该级排列了各种可能采取的方案或措施。

不同层次的各要素间的关系用连线表示，如果要素间有连线，表示二者相关，否则表示小相关。根据层次分析法中的标度规定，每一层中的指标数一般不超过 9 个，元素过多会给两两比较带来困难。

2.4.5.2　构造判断矩阵

任何系统分析都是以一定的信息为基础，AHP 的信息基础主要是人们对每一层次各要素的相对重要性给出的数值判断，所以，判断矩阵是 AHP 的基本信息，也是进行相对重要度的计算，进行层次单排序的依据。其方法是以上一级的某一要素 A 作为准则，对本级的要素进行两两比较来确定判断矩阵元素的，见表 2-1。

表 2-1 判断矩阵

A	B_1	B_2	B_3	...	B_j	...	B_n
B_1	1	b_{12}	b_{13}	...	b_{ij}	...	b_{in}
B_2	b_{21}	1	b_{23}	b_{2j}	...	b_{2n}	...
B_3	b_{31}	b_{32}	1		b_{3j}		b_{3n}
⋮	...	...	...	...	...	...	...
B_i	b_{i1}	b_{i2}	b_{i3}	...	b_{ij}		b_{in}
⋮	...	...	...	...	...	...	...
B_n	b_{n1}	b_{n2}	b_{n3}	...	b_{nj}	...	1

在该矩阵中，按照左上角的准则 A，将左侧列元素中的 B_1 与最上一行的 B_1，B_2，B_3，$\cdots B_j \cdots B_n$ 进行比较；然后再用左侧列元素中的 B_2 与 B_1，B_2，$B_3 \cdots B_j \cdots B_n$ 进行比较，如此类推。在比较时，具体地使用数字标度来代表一个元素针对准则超越另一个元素的相对重要性，数字标度定义并解释了递阶层次中每层元素针对上层准则层进行成对比较时，两个指标哪一个更重要，重要多少，并按 "1~9" 标度对重要性程度赋值，表 2-2 中列出了 "1~9" 标度的含义。任何判断矩阵都应满足：

$$b_{ii} = 1, \quad b_{ij} = 1/b_{ji}(i,j = 1,2,3,\cdots,n)$$

表 2-2 判断矩阵标度及含义

标　度	含　义
1	B_i 与 B_j 同样重要
3	B_i 比 B_j 稍稍重要
5	B_i 比 B_j 重要
7	B_i 比 B_j 重要得多
9	B_i 比 B_j 极为重要
2, 4, 6, 8	B_i 与 B_j 相比，重要性程度处于上述相应两个数之间
1/3	B_i 比 B_j 稍次要
1/5	B_i 比 B_j 次要
1/7	B_i 比 B_j 次要得多
1/9	B_i 比 B_j 极为次要

2.4.5.3 层次单排序及一致性检验

在建立了判断矩阵后，要根据判断矩阵计算本级要素相对于上一级某一些要素来讲，本级与之有联系的要素之间相对重要性次序的权值，即根据判断矩阵求出其最大特征根 λ_{max}，然后再求出所对应的特征向量 W。方程为：

$$B\overline{W} = \lambda_{max}\overline{W}$$

式中，W 的分量（W_1，W_2，$\cdots$，W_n）对应于 n 个要素的相对重要度，即权重系数。权重的计算方法主要有：和积法、方根法、特征根方法、对数最小二乘法和最小二乘法等。

2.4.5.4 *层次总排序及一致性检验*

利用同一层次中所有层次单排序的结果，计算针对上一层次而言，本层次所有要素重要性的权值。层次总排序需要从上到下逐层顺序进行，对于最高层下面的第二层，其层次单排序即为总排序。为评价层次总排序计算结果的一致性，需要计算与单排序类似的检验量。CI 为层次总排序一致性指标；RI 为层次总排序平均随机一致性指标；CR 为层次总排序随机一致性比例。各表达式分别为：

$$CI = \sum_{i=1}^{n} B_i CI_i$$

式中，CI_i 为与 B_i 对应的 B 层次中判断矩阵的一致性指标；B_i 为判断矩阵 A-B（即第一层与第二层目标组成的判断矩阵）计算所得的向量经正规化后的特征向量 W 的值。

$$RI = \sum_{i=1}^{n} B_i RI_i$$

式中，RI_i 为与最对应的 B_1 层次中判断矩阵的平均随机一致性指标。

$$CR = \frac{CI}{RI}$$

当 $CR < 0.10$ 时，认为层次总排序的计算结果具有满意的一致性。

3

典型工业固体废物评价体系的构建

针对上述我国不同种类典型工业固体废物（尾矿）的特征和污染现状，为了准确评价工业固体废物环境的风险水平，保护生态环境质量和人类健康，为我国工业固废污染监测和控制提供科学依据，对适合我国国情的工业固废环境风险评价体系的构建至关重要。因此本书基于人类健康和生态环境的保护，展开工业固废环境风险评价技术的介绍，构建环境风险评价方法体系。识别工业固废环境风险水平，为工业固废环境风险管理决策支持系统的构建提供了支持。

3.1　框架构建

工业固废环境风险评价的合理性与可行性，是建立在对评价区域信息的调查了解和评价技术与方法的有效运用的基础上。为了体现工业固废环境风险评价的系统性、评价程序的规范性和完整性，全面有效地把握评价过程与相应的技术要求，突出评价的层次性，研究制定了工业固废环境风险评价框架如图 3-1 所示。基于评价的框架体系，工业固废环境风险评价程序主要包括四个步骤：

第一步：前期阶段。主要是工业固废污染源信息以及相关风险及风险标准资料的收集与调查。对污染源进行详细的资料调研，获取自然地理、社会与经济发展概况、水文、气象和水文地质条件、水资源开发利用保护工程现状和污染源分布情况等信息，分析固废特性，并分析专家背景，定义潜在的影响区域，分析最终产物。

第二步：建立指标因素。确定工业固废各层次的指标，用两两比较法对各指标进行打分，计算权重，将分值转化成标准梯形模糊。

第三步：风险评价阶段。不同领域专家根据水、大气、土壤等监测值及现场审查进行打分，最终不同领域专家根据水、大气、土壤等监测值及现场审查进行打分。

第四步：解模糊、定义风险大小。根据风险评价结果并结合各指标所占权重得到风险分值，再通过模糊分析，解模糊，得到工业固废污染的风险等级。

流程框架中的前期阶段，即尾矿信息以及相关风险及风险标准资料的收集与调查是风险评价的关键性步骤，尾矿环境风险评价的核心内容大致分为三部分，

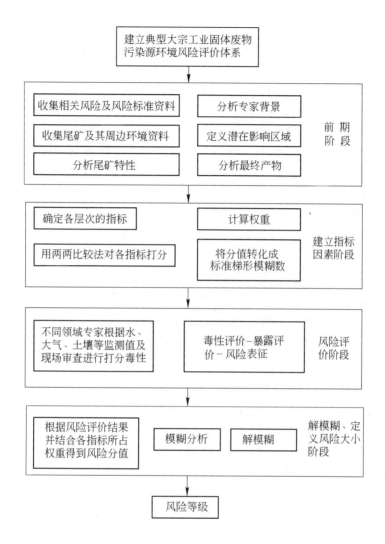

图 3-1 典型大宗工业固体废物污染源风险技术评价体系方法

固废的毒性评价、暴露评价与风险表征。

3.1.1 数据收集和分析

在收集已有尾矿的场地资料和现场勘察的基础上，识别可能的研究区域范围，初步判别直接或潜在的污染源和途径，为下一步的尾矿信息详细调查提供科学指导。

资料与尾矿信息收集是大宗工业固废初步评价的重要内容，主要包括：

（1）工业企业名录、生产过程及产品信息、政府各部门关于该工业固废的资料记录、已有采样记录、场地修复历史、违反相关环境法律法规的记录、历史处置记录等；

（2）与该尾矿有关的自然环境、土地利用、污染源、尾矿污染历史和社会经济等方面的资料，了解尾矿的基本情况和国家的相关法律规定；

（3）历史上尾矿场地污染的产生和处理过程、与尾矿相关的有害物质、有害物质的潜在来源、重要的扩散途径和受影响的因素等资料；

（4）收集的尾矿信息资料应通过现场勘察进行验证和及时更新。可通过走访下列人员进行取证：尾矿现阶段工作或周围居住人员、尾矿所有者、其他了解尾矿历史状况的人员；

（5）公共卫生认知水平、环境健康数据、流行病学与毒理学的统计数据，如各种流行病的发病率、地方疾病的发病率、癌症发病率、死亡率等。

现在勘察的目的是了解尾矿场地地面环境与土地利用、无机和有机产品的使用历史和范围、地面和地下设施的类型和位置、尾矿设施状况、尾矿污染状况、水体发布与利用等。对尾矿或其附近居民进行调查，获取当地居民的健康信息。

通过信息数据整理，初步识别污染物，针对尾矿场地的初步评估判断出可能存在污染物，分析它们在尾矿特征调查取样因素中的含量，并与相关标准中这些污染物的数据进行对比，评价尾矿特性，包括污染源性质与分布、化学物的类型、含量、时空分布和迁移转化途径。

3.1.2 毒性评价

毒性评价涉及受暴露影响的受体，不同水平剂量和反应的关系。人体健康影响（如致病性）的判别依据，由动物数据外推到人类的适用性。对物质毒性的定性和定量评价，考虑不同暴露水平下对人体健康的影响。

3.1.2.1 评价内容

毒性评价中的允许摄入量和致癌强度系数可以参考国际上相关组织或国家以及国内相关部门的规定，也可以在实验室通过毒理学试验获得。

毒性评价包含危害判定和剂量-反应评估两部分。危害判定是分析某种污染物对人体健康造成危害的程度，一般分为致癌毒性和非致癌毒性两大类。通过文献资料和现场调查获取，致癌毒性由致癌物质引起，致癌物即能在人类或哺乳动物的机体诱发癌症的物质。确定一种物质是否具有致癌作用，需要通过动物实验和人群流行病学调查。致癌物根据性质可分为化学性致癌物，如硫酸酯类、铬、钛、锰等，物理性致癌物（如 X 射线、放射性核素氡等）和生物性致癌物（如某些致癌病毒）。据估计，人类的肿瘤 80% ~85% 与化学致癌物有关。美国卫生部目前的致癌物名单中，致癌物种类 246 种，其中 58 种是"已知致癌物"，另外的 188 种是"可能致癌的污染物"。

物质具有的非诱发肿病的毒性称为非致癌毒性。风险评价中考察的非致癌毒性通常包括系统毒性（一般毒性或肝、肾的损伤），神经毒性（有害物质所致的中枢神经系统或外周神经系统的结构或功能损害）和发育毒性（对雄性和雌性生殖功能的损害和对后代的有害影响）和免疫毒性（对免疫系统的损害，如脾、胸腺等以及免疫功能的下降）。

剂量-反应关系在认定待评价物质具有毒性的基础上，依据人群流行病学调查资料和毒理学的研究结果，阐明不同剂量水平的待评价物质与接触群体中出现的最关键有害效应发生率之间的定量关系，进行剂量-效应关系的推导，确定合适的剂量-效应关系曲线，并获得特定接触剂量下评价人群危险度的基准值。一般分为两类：

（1）暴露某一化学物质的剂量与个体呈现某种反应强度之间的关系，又称剂量效应关系；

（2）某一化学物的剂量与群体中出现某种反应的个体在群体中所占的比例，一般用比值或者百分率表示，如致病率、死亡率等。

由于人体在实际环境中的暴露水平通常较低，而流行病学或动物实验学研究中的剂量相对较高，因此剂量-反应评价通常采用剂量外推方法，即实验数据覆盖范围内的剂量-效应分析的主要任务是为由高剂量推测低剂量条件下剂量效应关系提供外推出发点。由高剂量向低剂量外推的模型很多，常用模型有耐受分布模型、机理性模型和新型模型。其中，耐受分布模型包括概率单位模型、对数单位模型和威布尔模型；机理性模型包含一次打击模型、多次打击模型、多阶段打击模型、线性多阶模型和随机二阶段模型；新型模型中较重要的有：肿瘤出现时间模型、生理药代动力学模型和生物学为基础的剂量反应关系模型。

3.1.2.2　毒性评价的数据来源

毒性评价的主要数据来源于人类流行病学、动物实验、临床学以及其他研究资料。

人类数据主要来源于流行病学研究或病例报道。流行病学是对疾病在人口中的分布及其分部影响因素的研究，能提供物质诱发癌症的间接证据，流行病学数据具有高度价值，是最主要的数据来源。流行病学数据可以避免许多问题，如动物数据外推至人类数据的偏差，种间干扰等。高质量和统计学充分的流行病学数据在使用中的优先性要高于动物数据。

在多数情况下，难以获得与研究对象直接相关的流行病学数据，因此各种动物实验系统也被广泛应用于评价物质的潜在致癌作用。在癌症研究中，在动物生命周期中致癌物的慢性作用用于评价致病性已被广泛接受。研究癌症形成或作用机制时，动物数据更显示出其独特的作用。

物质的物理、化学和结构学特性是决定致癌作用的关键，并且这些数据需要纳入剂量效应关系评价中。需要获取和分析的数据主要包括：物质的相对分子量、分子大小、相态、形状、化合价、水溶性、脂溶性；物质的定量关系；不同生物对物质的吸收、分布、排泄途径、生物降解，毒性动力学数据及其比较；直接或间接物质对 DNA 的作用等。

3.1.3 暴露评价

暴露评价的目的是评价污染物的暴露量和暴露类型，最终与污染物毒性评价结合起来评价污染物对人体健康带来的风险水平。在对不同暴露状态下进行定性或定量估算暴露的时间、频率和暴露途径时，实际上通常只关注现在和未来的可能暴露状态。

3.1.3.1 暴露环境

识别暴露环境特征，如尾矿污染特征和暴露人群特征，目的是定性评估尾矿和周围人群对暴露的影响，为识别暴露途径打下基础，其中可能的暴露人群特征为暴露评价提供变量。基本的尾矿特征包括气候、植被、水文地质、是否存在地表水体及其位置。人群特征包括受暴露人群与污染场地的距离、生活习惯、是否有敏感人群存在（如幼儿园、学校、医院），不仅包括现在生活的人群，还应考虑将来可能的暴露人群。

（1）尾矿场地特征。尾矿场地特征是确定各种暴露参数和风险评价模型参数体系的重要组成部分，包括：气象，如气温、风速、风向和降雨量；地质条件，如岩层的位置、岩层属件；植被，如森林、裸地和草地；土壤类型；地下水特征，如含水层类型、埋深和流向；地表水动态等。

（2）暴露人群特征。主要包括相对污染场地的位置、生活习惯和敏感性人群。确定暴露人群距离污染场地的方向和距离，如饮水取水、食物（鱼肉、蔬菜、农作物）的获取位置，尤其是就在尾矿场地内或附近生活的人群具有最大可能的暴露。一定要识别人群的可能暴露距离，关注将可能受到污染的物体迁移而暴露的人群。

基于尾矿污染场地及其周边区域土地的利用状况，如居民、商业、工业、娱乐用地，识别人群在污染区域的时间比例、活动及活动范围随季节的变化特征、尾矿污染场地使用人群、暴露的人群特征等。识别因土地用途的变化而使人群生活习惯改变的可能性。

通过对场地信息数据的收集，识别敏感性暴露人群，如孕妇、老人、婴儿、儿童和慢性病人。确定敏感人群居住和工作位置，如产房、养老院、学校、托儿所、幼儿园、医院等。

针对暴露环境中人群特征的暴露途径，确定尾矿污染物来源、释放类型和位置；污染物在空间中的迁移、转化及滞留时间；受暴露影响人群的位置和行为。对任何暴露途径必须识别其暴露位置和暴露方式。暴露途径描述了化学物从污染源到暴露人群的过程，将污染来源、位置、释放类型和暴露人群的位置和生活习惯关联起来，从而确定人体暴露的主要途径。暴露途径包括四个部分：化学物释放来源与机制，化学物在介质中滞留和迁移（或提带化学物介质的迁移），暴露位置和暴露方式。

（1）识别污染源和污染介质。利用尾矿场地收集到的信息数据，确定尾矿场地污染源要受到污染的介质。污染介质主要有空气、地表水、地下水、土壤、沉积物和生物体。其中，空气的污染释放来源有地表污染体、埋藏过潜地下水和装置泄漏；地表水的污染释放来源包含有污染土壤及废物堆、污染表层土及装置泄漏和污染地下水；地下水的污染释放来自污染地表水、地表或埋藏污染物及污染土壤；土壤的污染释放来源主要指地表或埋藏污染物及污染土壤、污染表层土及装置泄漏、污染土壤及废物堆放和污染地表土壤；沉积物的污染释放来源主要有污染表层土及装置泄漏、污染地下水及地表水、地表或埋藏污染物及污染土壤；生物体的污染释放来源有污染土壤、地表水、沉积物、地下水、空气及其他生物体。

（2）污染物迁移、转化和滞留评价。利用尾矿场地信息数据评价尾矿污染场地化学物的迁移、转化和滞留，预测可能的暴露方式和暴露位置，分析污染源与污染介质之间的关系。识别污染物来源、可能受到的污染介质和位置，污染物在环境中存在迁移（如通过水体向下游迁移、挥发、沉积物中富集或降雨携带）、化学转化（如光解作用、氧化-还原作用、水解作用）、生物转化（如生物降解）和介质中的累积过程。因此，为了确定化学物的迁移、转化和滞留，必须确定化学物在尾矿场地环境中的物化属性（如溶解度、亨利常数、扩散度、挥发度、生物富集系数）和尾矿场地特征因素。

（3）识别暴露位置和暴露方式。确定污染或可能污染的介质，识别所有可能接触污染介质的人群的暴露位置，确定接触介质最大污染物含量的暴露位置和所有可能的暴露方式（如摄取、吸入和皮肤接触），若存在敏感性人群，则需要进行暴露评价。

3.1.3.2 暴露估算

暴露评价的核心是确定暴露量、暴露频率和暴露期。暴露评价通常包括两个阶段：估计暴露量和计算吸收量。利用检测数据和（或）化学物迁移模型，确定整个暴露时期接触到的化学物含量。暴露量是指单位时间单位体重所接触的污染物含量。通过模型评价化学物的吸收量，主要变量包括暴露量、暴露频率、接触频率、暴露期、体重和暴露平均时间。另外，确定暴露评价的不确定因素（如信息数据的变异性、模型结果、参数假设等），分析对暴露评价结果的影响。

利用式（3-1）可计算吸收量，其暴露变量包括：化学物相关的变量（暴露时介质的化学物含量）、暴露人群特征变量（接触频率、暴露频率、暴露期、体重）和评价变量（评价时间）。

$$CDI = \frac{\rho \times I \times EF \times ED}{BW \times AT} \tag{3-1}$$

式中　CDI——吸收量，mg/（kg·d）；

　　　ρ——介质中化学物含量（大气：mg/m³；食物和土壤：mg/kg；水：mg/L）；

　　　I——接触频率；

　　　AT——评价时间，a；

　　　BW——体重，kg；

　　　ED——暴露期，a/生命期；

　　　EF——暴露频率，d/a。

3.1.4　风险表征

风险表征是人体对污染物所能承受的限值和危害程度，包括以下两种：

（1）致癌污染物对人体健康的风险（R'）：

$$R'_{ij} = CDI'_{ij} \times SF'_{ij} \tag{3-2}$$

式中　R'_{ij}——化学致癌物 i 经暴露途径 j 所致的发癌的终生风险，量纲为1；

　　　CDI'_{ij}——化学致癌物 i 经暴露途径 j 的单位体重日均暴露剂量，mg/（kg·d）；

　　　SF'_{ij}——化学致癌物 i 经暴露途径 j 的致癌强度系数，mg/（kg·d）。

总风险为：

$$R' = \Sigma\Sigma R'_{ij} \tag{3-3}$$

表示所有致癌污染物经过所有暴露途径导致的人体健康风险。

（2）非致癌污染物对人体健康的风险 R''：

$$R''_{ij} = CDI''_{ij} / RFD''_{ij} \tag{3-4}$$

式中　R''_{ij}——非致癌物 i 经暴露途径 j 引起健康的终生风险，量纲为1；

　　　CDI''_{ij}——非致病物 i 经暴露途径 j 的单位体重日均暴露剂量，mg/（kg·d）；

　　　RFD''_{ij}——非致癌物 i 经暴露途径 j 的参考剂量，mg/（kg·d）。

总风险为：

$$R'' = \Sigma\Sigma R''_{ij} \tag{3-5}$$

表示所有非致癌物经过所有暴露途径导致的人体健康风险。

3.2 评价方法的选取

近年来，随着尾矿库事故的频发，尤其是大宗工业固体废物污染源（尾矿库、渣场）对环境造成了许多无法挽回的损失。其影响范围广，涉及因素多而复杂（涉及土壤、水、大气、生态等诸多环境），不易定量化且因素之间相互制约、相互影响。如：尾矿成分多、易转化；土壤、水等因素相互影响、相互制约；风险高且存在随机性，与时间、雨量、自然灾害等诸多不确定因素联系紧密。

针对大宗工业固体废物污染源（尾矿库、渣场）环境风险评价体系研究，从方法学研究角度而言，大宗工业固体废物的尾矿库安全风险评价及相关单一的土壤风险评价、地下水风险评价、地表水风险评价等研究较多，但将其作为一个整体的环境风险评价体系还尚未有研究。从此目标而言，本节将 5 种主要的风险评价方法对比总结于表 3-1 中，以便从中找出适用于大宗工业固体废物污染源（尾矿库、渣场）的环境风险评价方法。

表 3-1　5 种主要的风险评价方法对比分析

方　法	不　足	应　用　区　域
生命周期评价法（LCA）	需要大量的基础数据作为基础	评估一种产品、工序和生产活动造成的环境负载、能源材料利用、废弃物排放的影响以及环境改善
安全检查表评价法（SCL）	缺乏定量化，不适用于环境风险的评价	装置设备状态，设备建、构筑物的安全距离等，适用于现场安全检查人员，侧重于安全评价
概率风险评价法（PRA）	耗费大量人力、物力和时间	适用于核能、化工、宇航等高度精密领域，精确评价发生事故的概率。主要对事故进行风险评价
模糊逻辑评价法（FLA）	缺少系统性，一般需与其他评价方法组合使用	使模型系统或人为判断产生的不精确、不确定信息精确化
层次分析法（AHP）	需要进行大量的专家调查，人为因素影响较大	广泛运用于复杂系统，如化学物质、建设项目等受多指标影响的评价体系

虽然 FLA 体现出人类所具有的处理不精确、不确定和难以定量化的信息的能力，但不能从整体上对大宗工业固体废物污染源（尾矿库、渣场）环境风险

评价体系这样复杂的系统进行分析，而且缺少随机性。而对于 AHP，虽然能够从宏观上对目标系统分层交错的指标进行评价，得出一个简单明了的结论，从而简化一个复杂的系统，但 AHP 对模糊性的考虑还需进一步完善。因此，对于构建一套大宗工业固体废物污染源（尾矿库、渣场）环境风险评价体系，考虑其复杂性、不确定性、广泛性等诸多因素，笔者认为，需要把这两种评价方法结合起来，构建出一套完整的评价体系。这样不仅解决了大宗工业固体废物污染源（尾矿库、渣场）复杂的环境系统和多种不确定风险因素的问题，而且对其无法定量化评价等的问题也能得到较好的解决，从而为决策者提供一套切实可行的大宗工业固体废物污染源（尾矿库、渣场）的环境风险评价体系。

3.3 因素指标的选取

对于评价体系，指标的选取是关键。一个完整的工业固体废物评价体系需要选取四个层次的等级指标，即一级指标、二级指标、三级指标和四级指标。其中，一、二、三级指标为基础指标，四级指标要根据不同的矿物种类，侧重于选取不同的指标。

3.3.1 一、二、三级指标的选取

一级指标为典型大宗工业固体废物污染源环境风险评价体系研究。二级指标为固废特征、环境特征、坝体风险、风险管理和利用前景。固废特征是指大宗工业固废尾矿砂或尾矿渣的特性，其性质是评价固废自身风险的重要指标。环境特征是指尾矿库或渣场的地理位置及当地的水文地质等情况以及周边的环境敏感点情况。该指标是评价尾矿库或渣场的环境风险等级的重要指标之一，也是与人们生产活动关系最紧密的指标。坝体风险是指尾矿库自身对周边环境或人类生产活动存在的风险，它是考核尾矿库或渣场自身安全问题存在的风险。风险管理是指人们对尾矿库进行管理维护，使其风险较少至最低，风险管理的好坏直接影响到体系的风险等级，许多尾矿库或渣场事故都是由于监管不力造成的。利用前景是指尾矿砂或冶炼渣目前的综合利用的技术程度，政府对综合利用的支持程度等。利用前景反映了未来大宗工业固废的产量、可利用程度，该指标可作为决策者对未来大宗工业固体废弃物发展趋势的判断，见图 3-2。

固废特征由三级指标物理特征（B1）与化学特征（B2）构成，这些特征是污染源固有的潜在风险。对于物理特征，主要包括挥发性、溶解性、放射性和颗粒特征。根据不同类型的工业固废的物理特征，确定处理的方法和废物回收的可能性，并采取相应的措施，防治工业固废对生态环境和人类健康带来的影响。化学特征主要有腐蚀性、酸碱性、急性毒性和浸出毒性。工业固废中含有大量的可溶盐、重金属和其他不易分解的有毒有害物质，因其不合理的处置和堆放，对周

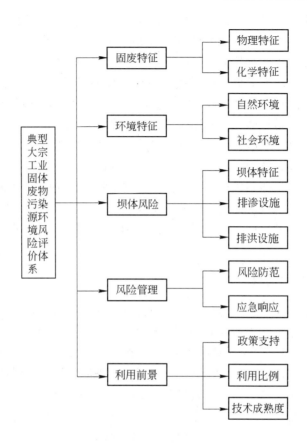

图 3-2　典型大宗工业固体废物污染源环境风险评价体系图

围环境和地下水造成了严重威胁。为避免或者减缓工业固废对环境的影响，需考察其化学特性，选取相应的因素进行审核。

环境特征是一个非常重要的指标，其主要由自然环境（B3）和社会环境（B4）造成。自然环境的风险主要有大气条件、土壤情况、地质情况、水文情况和生态条件指标。不同的社会环境也直接反映污染源的环境风险等级，人口密度、工业情况、农业情况、旅游业情况、畜牧业情况和与社区距离是考核社会环境风险等级的重要指标。

坝体风险直接反映了尾矿库或渣场的稳定性级别，稳定性问题不仅是安全问题，而且也是环境问题，它存在的风险隐患将直接威胁周边环境的安全。坝体风险的主要影响因素为：坝体特征（B5）、排渗设施（B6）和排洪设施（B7）。坝体特征指标主要包含干滩长度、浸润线、高度、库容、筑坝方式、坝体型式、服务期和筑坝材料等的风险大小。排渗设施由回水池、渗水竖井、滤管等排渗体等指标构成。排洪设施由坝面排洪沟、排洪塔等排洪设施构成。

风险管理指标是指如何把风险减至最低的管理过程，体现了人为因素对其风险的控制能力。有许多自然灾害是无法预测的因素，它将使污染源周边环境受到巨大的威胁，而且这些自然灾害的风险是很难进行评价的。因此，只有规范的操作、有效的管理才能有效地减少事故的发生。风险管理分为风险防范（B8）和应急响应（B9），前者考虑的是事故发生前针对风险因素的防范能力，包括护坡建设维护能力、日常坝体安全监测能力、排洪排渗系统日常管理能力以及 ISO 标准认证。后者是针对事故发生后出现的风险进行及时处理、清除风险的能力，包括救援保障设备应急能力、应急防护和清除泄漏能力。

利用前景是评价体系中最重要的指标，它反映了尾矿砂或冶炼渣现在和未来的综合利用情况以及政府部门对此的重视程度、支持程度，甚至反映了整个行业未来的发展趋势。利用前景包括政策支持（B10）、利用比例（B11）和技术成熟度（B12）。

3.3.2　四级指标的选取

由于不同类型尾矿的污染物的特征及含量各异，根据尾矿的特征及其三级指标，选取其四级指标。对于物理特征，将挥发性（C1），溶解性（C2），粒径大小（C3）作为其四级指标（见图 3-3）。溶解性指标可反映污染源中可溶性污染物对周围环境的风险大小，粒径大小指标反映污染源中颗粒对周围环境的风险大小，如铜矿尾矿中含有可溶性金属或非金属盐，且铁锌尾矿颗粒较细、易于随风飘散，对周围环境产生影响的范围更大。不同地区尾矿，其化学成分、颗粒特性等存在一定差异。化学特征由腐蚀性（C4）、酸碱性（C5）、急性毒性（C6）、浸出毒性（C7）组成。污染物的腐蚀性和酸碱性反映了它在环境中的迁移程度，因此对于化学特征很重要。急性毒性反映了污染源在短时间内对生物的有害影响，能直接反映出污染物的危害程度。浸出毒性反映了尾矿中污染物如重金属元素的释放、迁移会对附近土壤等生态环境造成污染。

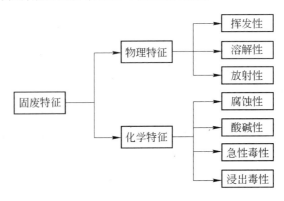

图 3-3　固废特征指标

不同区域的自然环境对污染物的迁移转化有直接的影响。例如：通常情况下，酸性土壤会增大重金属污染的机会。尾矿库或渣场的地质情况是评价其稳定性的重要指标。对于铜尾矿，其自然环境的风险划分为：大气条件（C8）、土壤情况（C9）、地质情况（C10）、水文情况（C11）和生态条件（C12）指标（见图3-4）。大气条件影响污染物在环境中的迁移程度，土壤情况和地质情况反映污染物对土壤周边环境和地质的影响程度，水文情况和生态条件反映污染物对周边地表水和生态环境的影响。不同的社会环境直接反映污染源的环境风险等级，人口密度（C13）、工业情况（C14）、农业情况（C15）、旅游业情况（C16）、畜牧业情况（C17）、与社区距离（C18）是考核铜尾矿社会环境风险等级的重要指标。

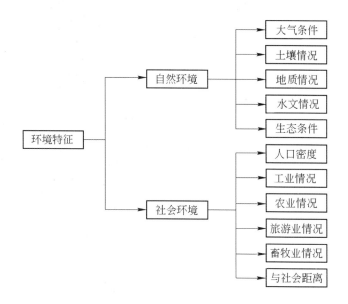

图3-4 环境特征指标

坝体特征指标反映了干滩长度、浸润线（C19）、高度、库容（C20）、筑坝方式（C21）、坝体型式（C22）、服务期（C23）和筑坝材料（C24）等风险大小。排渗设施由回水池（C25）、渗水竖井（C26）、滤管等排渗体（C27）等指标构成。排洪设施由坝面排洪沟（C28）、排洪塔等排洪设施（C29）构成（见图3-5）。

风险管理分为风险防范（B8）和应急响应（B9），前者考虑的是事故发生前针对风险因素的防范能力，包括护坡建设维护能力（C30）、日常坝体安全监测能力（C31）、排洪排渗系统日常管理能力（C32）以及ISO标准认证（C33）。后者是针对事故发生后出现的风险进行及时处理、清除风险的能力，包括救援保

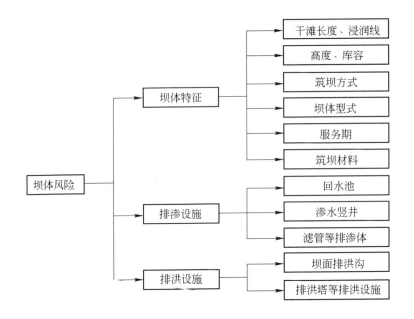

图 3-5 坝体风险指标

障设备应急能力（C34）和应急防护和清除泄漏的能力（C35）（见图 3-6）。

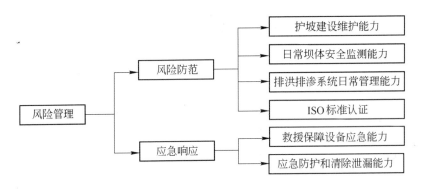

图 3-6 风险管理指标

3.4 权重的计算

3.4.1 专家打分

专家根据自身专业背景以及丰富的实践经验，对各级指标进行两两对比可进行模糊打分，见表 3-2。再对模糊数进行解模糊，最终通过各自专家所占权重，计算得出两两对比的平均值。

表 3-2 层次分析法两两对比打分分值

语言变量	相对重要程度分值	梯形模糊数
一样	1	(1, 1, 1, 1)
一般重要	3	(2, 5/2, 7/2, 4)
很重要	5	(4, 9/2, 11/2, 6)
非常重要	7	(6, 13/2, 15/2, 8)
极为重要	9	(8, 17/2, 9, 9)

$x = 2$，4，6，8 时，梯形模糊数为：$(x-1, x-(1/2), x+(1/2), x+1)$

3.4.2 构建矩阵

根据专家两两比较打分的结果，建立模糊矩阵 A，如公式（3-6）。其中 $\tilde{x}_{ij}$ 表示为（见公式（3-7）和式（3-8））：

$$A = \begin{bmatrix} \tilde{x}_{11} & \tilde{x}_{12} & \cdots & \tilde{x}_{1n} \\ \tilde{x}_{21} & \tilde{x}_{22} & \cdots & \tilde{x}_{2n} \\ \vdots & \vdots & & \vdots \\ \tilde{x}_{n1} & \tilde{x}_{n2} & \cdots & \tilde{x}_{nn} \end{bmatrix} \tag{3-6}$$

$$\tilde{x}_{ij} = (a_{ij}^l, a_{ij}^m, a_{ij}^n, a_{ij}^s) \tag{3-7}$$

$$\tilde{x}_{ji} = \tilde{x}_{ij}^{-1} = (a_{ij}^s, a_{ij}^n, a_{ij}^m, a_{ij}^l)^{-1} \tag{3-8}$$

3.4.3 检查一致性

在计算各指标权重之前，需要对其进行一致性检验。

（1）计算最大特征值：

$$A \cdot w = \lambda_{\max} \cdot w \tag{3-9}$$

式中，$\lambda_{\max}$ 为矩阵 $\tilde{X}$ 的最大特征值。

（2）计算一致性指标 CI 及一致性比率 CR，其中 RI 为随机一致性指标值，见表 3-3。若 $CR < 0.10$，则矩阵 A 具有一致性，反之则呈现显著的不一致性。

$$CI = \frac{\lambda_{\max} - n}{n - 1} \tag{3-10}$$

$$CR = \frac{CI}{RI} \tag{3-11}$$

表3-3   随即一致性指标值（*RI*）

size(*n*)	1	2	3	4	5	6	7	8	9
RI	0.00	0.00	0.58	0.90	1.12	1.24	1.32	1.41	1.45

3.4.4   计算模糊权重

根据两两比较矩阵 **A**，通过公式（3-12）~式（3-20）分析计算得出模糊权重向量。

$$\boldsymbol{\alpha}_i = \left[\prod_{j=1}^{n} a_{ij}^{l} \right]^{1/n} \tag{3-12}$$

$$\boldsymbol{\beta}_i = \left[\prod_{j=1}^{n} a_{ij}^{m} \right]^{1/n} \tag{3-13}$$

$$\boldsymbol{\gamma}_i = \left[\prod_{j=1}^{n} a_{ij}^{n} \right]^{1/n} \tag{3-14}$$

$$\boldsymbol{\delta}_i = \left[\prod_{j=1}^{n} a_{ij}^{s} \right]^{1/n} \tag{3-15}$$

$$\boldsymbol{\alpha} = \sum_{i=1}^{n} \alpha_i \tag{3-16}$$

$$\boldsymbol{\beta} = \sum_{i=1}^{n} \beta_i \tag{3-17}$$

$$\boldsymbol{\gamma} = \sum_{i=1}^{n} \gamma_i \tag{3-18}$$

$$\boldsymbol{\delta} = \sum_{i=1}^{n} \delta_i \tag{3-19}$$

$$\tilde{\boldsymbol{w}}_i = (\alpha_i \delta^{-1}, \beta_i \gamma^{-1}, \gamma_i \beta^{-1}, \delta_i \alpha^{-1}) \tag{3-20}$$

3.4.5   解模糊

根据公式（3-20），对模糊权重向量进行解模糊。

$$w_{ij} = \frac{\boldsymbol{\alpha}_i \delta^{-1} + 2\boldsymbol{\beta}_i \gamma^{-1} + 2\boldsymbol{\gamma}_i \beta^{-1} + \boldsymbol{\delta}_i \alpha^{-1}}{6} \tag{3-21}$$

3.5   风险分值计算

3.5.1   评价指标打分

针对资料收集，现场考察及采样数据等，选取 *k* 名专家对第3层次指标进行打分，并通过表3-4将其转化为梯形模糊数。

表3-4 语言变量对应的梯形模糊数

语言变量	梯形模糊数	语言变量	梯形模糊数
非常差	(0, 1, 2, 3)	好	(5, 6, 7, 8)
差	(1, 2, 3, 4)	非常好	(7, 8, 9, 10)
一般	(3, 4, 5, 6,)		

3.5.2 构建模糊评价向量

通过对专家打分的梯形模糊数 $\tilde{f}_i$，对其求平均，得到 $\overline{\tilde{f}}_i$。

$$\tilde{f}_i = (f_i^l, f_i^m, f_i^n, f_i^s) \tag{3-22}$$

$$\overline{\tilde{f}}_i = \frac{1}{k} \sum_{i=1}^{k} \tilde{f}_i \tag{3-23}$$

3.6 评价结果计算

通过公式（3-24）计算风险大小 RM。

$$RM = w_{ij} \cdot \overline{\tilde{f}}_i \tag{3-24}$$

式中，RM 为风险大小（risk magnitude）。

实 例 运 用

4.1 磷石膏尾矿库环境风险评价

根据磷石膏的相关特性，以及第 3 章建立的评价体系图，本章建立了磷石膏尾矿库环境风险评价体系图（见图 4-1）。其中，固废特征用（A1）表示，其余表示为：环境特征（A2）、坝体风险（A3）、风险管理（A4）、利用前景（A5）、物理特征（B1）、化学特征（B2）、自然环境（B3）、社会环境（B4）、坝体特征（B5）、排渗设施（B6）、排洪设施（B7）、风险防范（B8）、应急响应（B9）、政策支持（B10）、利用比例（B11）、技术成熟度（B12）、挥发性（C1）、溶解性（C2）、粒径大小（放射性）、腐蚀性（C4）、酸碱性（C5）、急性毒性（C6）、浸出毒性（C7）、大气条件（C8）、土壤情况（C9）、地质情况（C10）、水文情况（C11）、生态条件（C12）、人口密度（C13）、工业情况（C14）、农业情况（C15）、旅游业情况（C16）、畜牧业情况（C17）、与社区距离（C18）、干滩长度、浸润线（C19）、高度、库容（C20）、筑坝方式（C21）、坝体型式（C22）、服务期（C23）、筑坝材料（C24）、回水池（C25）、渗水竖井（C26）、滤管等排渗体（C27）、坝面排洪沟（C28）、排洪塔等排洪设施（C29）、护坡建设维护能力（C30）、日常坝体安全监测能力（C31）、排洪排渗系统日常管理能力（C32）、ISO 标准认证（C33）、救援保障设备应急能力（C34）、应急防护和清除泄漏能力（C35）。

针对云南某磷石膏尾矿库的堆存情况，对其评价见表 4-1。

4.1.1 专家打分

选取 5 名专家进行打分，根据专家的不同经验，其所占打分权重也有一定差异，各专家权重如表 4-2 所示。

表 4-1 云南某磷化工企业磷石膏尾矿库情况调查表

1. 磷石膏理化分析	成分	含水率	水溶性磷	不溶性磷	枸溶性磷	CaO	Fe₂O₃	Al₂O₃	MgO	K₂O	Na₂O	SO₄⁻	F	酸不溶物	SiO₂
	含量（质量分数）/%	24.20	0.13	0.14	0.43	27.8	0.10	0.53	0.05	0.13	0.13	47.62	0.49	13.19	11.85

	浸出毒性指标	样品状态描述	pH	铜	铅	锌	铬	镉	铍	钡	镍
2. 磷石膏浸出毒性	单位/mg·L^{-1}	褐色、块状、潮湿	5.73	<0.02	<0.1	0.126	<0.05	<0.005	<0.005	4	<0.04
	浸出毒性指标	砷	硒	银	汞	六价铬	氰化物	氟化物	甲基汞	乙基汞
	单位/mg·L^{-1}	0.0088	0.0004	<0.01	0.0015	<0.004	<0.001	6.49	<10ng/L	<20ng/L

	年度	2009	2007	2005	2003	2001	1999	1997	1995	1993	总计
3. 磷石膏产生量/万吨	产生量	1225691	1386696	1011697	250648	376662	259718	382280	286140	5661	
	年度	2010	2008	2006	2004	2002	2000	1998	1996	1994	12197887
	产生量	1788000	1187153	1356816	1117078	350683	289605	274571	330000	2678372	

4. 磷石膏贮存库基本情况	是否重大危险源	是
	投入运行时间	2003 年 6 月
	服务期	20 年
	贮存库形式	山谷型
	设计总库容/万立方米	980
	设计总坝高/m	45
	贮存库占地面积/hm^2	45
	贮存库实际库容/万立方米	980
	固废贮存量/t	8639737
	贮存年限/a	8
	排放方式	管道湿排
	筑坝方式	上游坝
	排洪系统形式	排水竖井和库底排水管
	投资额/万元	2325
	管理费用/万元	1400
	专职作业人员数/人	7

	综合利用方式：土壤改良剂、水泥缓凝剂、制砖		处置方式：渣场堆存规模：105 万吨/年（湿基）								
5. 综合利用及处置概况	所处状态	实验室研究									
	年度	2010	2009	2008	2007	2006	2005	2004	2003	2002	2001
	综合利用量/t	420086	263956	0	0	0	0	0	0	0	0
	处置量/t	1367914	961735	1187153	1386696	1356816	1011697	1117078	250648	350683	376662
	年度	2000	1999	1998	1997	1996	1995	1994	1993	1992	1991
	综合利用量/t	0	0	0	0	0	0	0	0	0	0
	处置量/t	289605	259718	274571	382280	330000	286140	267837	56612	0	0

综合利用量/t 总计: 684042
处置量/t 总计: 11513845

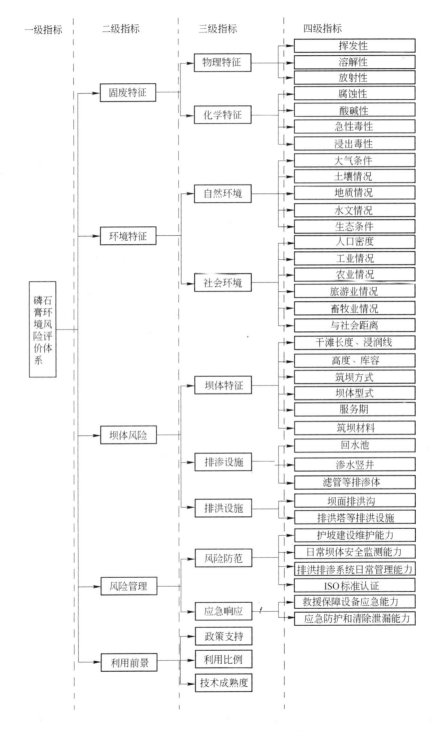

图4-1　磷石膏尾矿库环境风险评价体系图

表 4-2 专家权重分值表

专 家	背 景	权 重
E_1	从事 50 年固废管理工作	0.23
E_2	从事 50 年环境风险评价工作	0.23
E_3	矿山高级工程师	0.2
E_4	具有 20 年尾矿库管理经验人员	0.18
E_5	具有 10 年尾矿库管理经验人员	0.16

5 位专家根据表 4-2 对二级指标（固废特征，环境特征，坝体风险，风险管理及利用前景）进行两两对比打分，见表 4-3。

表 4-3 两两对比 2 级指标打分表

项 目		固废特征（A1）		环境特征（A2）		坝体风险（A3）		风险管理（A4）		利用前景（A5）	
		打分	转换成梯形模糊数	打分	转换成梯形模糊数	打分	转换成梯形模糊数	打分	转换成梯形模糊数	打分	转换成梯形模糊数
固废特征 A1	E_1	1	(1,1,1,1)	1	(1,1,1,1)	1/3	(1/4,2/7,2/5,1/2)	(1,2)	(1,1,2,2)	1/5	(1/6,2/11,2/9,1/4)
	E_2	1	(1,1,1,1)	(1,2)	(1,1,2,2)	1	(1,1,1,1)	(1/2,1)	(1/2,1/2,1,1)	1/3	(1/4,2/7,2/5,1/2)
	E_3	1	(1,1,1,1)	1/2	(1/3,2/5,2/3,1)	1/4	(1/5,2/9,2/7,1/3)	1/5	(1/6,2/11,2/9,1/4)	1/7	(1/8,2/15,2/13,1/6)
	E_4	1	(1,1,1,1)	1	(1,1,1,1)	1	(1,1,1,1)	1	(1,1,1,1)	1	(1,1,1,1)
	E_5	1	(1,1,1,1)	2	(1,3/2,5/2,3)	1	(1,1,1,1)	1/3	(1/4,2/7,2/5,1/2)	1/4	(1/5,2/9,2/7,1/3)
	总计		(1,1,1,1)		(0.867,0.960,1.403,1.550)		(0.668,0.680,0.719,0.752)		(0.598,0.607,0.978,1.000)		(0.333,0.350,0.400,0.439)

项目		固废特征（A1）		环境特征（A2）		坝体风险（A3）		风险管理（A4）		利用前景（A5）	
		打分	转换成梯形模糊数	打分	转换成梯形模糊数	打分	转换成梯形模糊数	打分	转换成梯形模糊数	打分	转换成梯形模糊数
环境特征 A2	E_1	1	(1,1,1,1)	1	(1,1,1,1)	1/2	(1/3,2/5,2/3,1)	(1,2)	(1,1,2,2)	1/4	(1/5,2/9,2/7,1/3)
	E_2	(1/2,1)	(1/2,1/2,1,1)	1	(1,1,1,1)	1	(1,1,1,1)	1/3	(1/4,2/7,2/5,1/2)	1/5	(1/6,2/11,2/9,1/4)
	E_3	2	(1,3/2,5/2,3)	1	(1,1,1,1)	1/2	(1/3,2/5,2/3,1)	1/3	(1/4,2/7,2/5,1/2)	1/5	(1/6,2/11,2/9,1/4)
	E_4	1	(1,1,1,1)	1	(1,1,1,1)	1	(1,1,1,1)	1	(1,1,1,1)	1	(1,1,1,1)
	E_5	1/2	(1/3,2/5,2/3,1)	1	(1,1,1,1)	1/2	(1/3,2/5,2/3,1)	1/6	(1/7,2/13,2/11,1/5)	1/7	(1/8,2/15,2/13,1/6)
	总计		(0.778,0.889,1.247,1.400)		(1,1,1,1)		(0.607,0.646,0.803,1.000)		(0.540,0.557,0.841,0.887)		(0.318,0.331,0.366,0.391)
坝体风险 A3	E_1	3	(2,5/2,7/2,4)	2	(1,3/2,5/2,3)	1	(1,1,1,1)	4	(3,7/2,9/2,5)	1/3	(1/4,2/7,2/5,1/2)
	E_2	1	(1,1,1,1)	1	(1,1,1,1)	1	(1,1,1,1)	1/3	(1/4,2/7,2/5,1/2)	1/3	(1/4,2/7,2/5,1/2)
	E_3	4	(3,7/2,9/2,5)	2	(1,3/2,5/2,3)	1	(1,1,1,1)	1	(1,1,1,1)	1/2	(1/3,2/5,2/3,1)
	E_4	1	(1,1,1,1)	1	(1,1,1,1)	1	(1,1,1,1)	1	(1,1,1,1)	1	(1,1,1,1)
	E_5	1	(1,1,1,1)	2	(1,3/2,5/2,3)	1	(1,1,1,1)	1/3	(1/4,2/7,2/5,1/2)	1/5	(1/6,2/11,2/9,1/4)
	总计		(1.630,1.845,2.275,2.490)		(1.000,1.295,1.885,2.180)		(1,1,1,1)		(1.168,1.296,1.571,1.725)		(0.388,0.421,0.533,0.650)
风险管理 A4	E_1	(1/2,1)	(1/2,1/2,1,1)	(1/2,1)	(1/2,1/2,1,1)	1/4	(1/5,2/9,2/7,1/3)	1	(1,1,1,1)	1/6	(1/7,2/13,2/11,1/5)
	E_2	(1,2)	(1,1,2,2)	3	(2,5/2,7/2,4)	3	(2,5/2,7/2,4)	1	(1,1,1,1)	1/2	(1/3,2/5,2/3,1)
	E_3	5	(4,9/2,11/2,6)	3	(2,5/2,7/2,4)	1	(1,1,1,1)	1	(1,1,1,1)	1/2	(1/3,2/5,2/3,1)
	E_4	1	(1,1,1,1)	1	(1,1,1,1)	1	(1,1,1,1)	1	(1,1,1,1)	1	(1,1,1,1)
	E_5	3	(2,5/2,7/2,4)	6	(5,11/2,13/2,7)	3	(2,5/2,7/2,4)	1	(1,1,1,1)	(1/2,1)	(1/2,1/2,1,1)
	总计		(1.645,1.825,2.530,2.710)		(1.955,2.250,2.955,3.250)		(1.206,1.406,1.811,2.017)		(1,1,1,1)		(0.436,0.467,0.668,0.816)

项 目		固废特征(A1)		环境特征(A2)		坝体风险(A3)		风险管理(A4)		利用前景(A5)	
		打分	转换成梯形模糊数	打分	转换成梯形模糊数	打分	转换成梯形模糊数	打分	转换成梯形模糊数	打分	转换成梯形模糊数
利用前景A5	E_1	5	(4,9/2,11/2,6)	4	(3,7/2,9/2,5)	3	(2,5/2,7/2,4)	6	(5,11/2,13/2,7)	1	(1,1,1,1)
	E_2	3	(2,5/2,7/2,4)	5	(4,9/2,11/2,6)	3	(2,5/2,7/2,4)	2	(1,3/2,5/2,3)	1	(1,1,1,1)
	E_3	7	(6,13/2,15/2,8)	5	(4,9/2,11/2,6)	2	(1,3/2,5/2,3)	2	(1,3/2,5/2,3)	1	(1,1,1,1)
	E_4	1	(1,1,1,1)	1	(1,1,1,1)	1	(1,1,1,1)	1	(1,1,1,1)	1	(1,1,1,1)
	E_5	4	(3,7/2,9/2,5)	7	(6,13/2,15/2,8)	5	(4,9/2,11/2,6)	(1,2)	(1,1,2,2)	1	(1,1,1,1)
	总计		(3.240,3.650,4.470,4.880)		(3.550,3.960,4.780,5.190)		(1.940,2.350,3.170,3.580)		(1.920,2.250,3.070,3.400)		(1,1,1,1)

选取不同专业的专家对各自擅长的领域进行打分,对于3级指标两两对比打分如表4-4所示。

表4-4 两两对比3级指标打分表

	B1	B2
	B1	B2
B1	(1,1,1,1)	(1/4,2/7,2/5,1/2)
B2	(2,5/2,7/2,4)	(1,1,1,1)
	B3	B4
B3	(1,1,1,1)	(1,1,1,1)
B4	(1,1,1,1)	(1,1,1,1)
	B5	B6	B7
B5	(1,1,1,1)	(2,5/2,7/2,4)	(2,5/2,7/2,4)
B6	(1/4,2/7,2/5,1/2)	(1,1,1,1)	(1,1,1,1)
B7	(1/4,2/7,2/5,1/2)	(1,1,1,1)	(1,1,1,1)
	B8	B9	
B8	(1,1,1,1)	(1,3/2,5/2,3)	
B9	(1/3,2/5,2/3,1)	(1,1,1,1)	
	B10	B11	B12
B10	(1,1,1,1)	(1,1,1,1)	(1,1,1,1)
B11	(1,1,1,1)	(1,1,1,1)	(1,1,1,1)
B12	(1,1,1,1)	(1,1,1,1)	(1,1,1,1)

选取不同专业的专家对各自擅长的领域进行打分，4级指标打分结果如表4-5所示。

表4-5　两两对比4级指标打分表

	C1	C2	C3
C1	(1,1,1,1)	(1/4,2/7,2/5,1/2)	(1/7,2/13,2/11,1/5)
C2	(2,5/2,7/2,4)	(1,1,1,1)	(1/3,1/3,1/2,1/2)
C3	(5,11/2,13/2,7)	(2,2,3,3)	(1,1,1,1)

	C4	C5	C6	C7
C4	(1,1,1,1)	(1,3/2,5/2,3)	(1/6,2/11,2/9,1/4)	(1/5,2/9,2/7,1/3)
C5	(1/3,2/5,2/3,1)	(1,1,1,1)	(1/7,2/13,2/11,1/5)	(1/6,2/11,2/9,1/4)
C6	(4,9/2,11/2,6)	(5,11/2,13/2,7)	(1,1,1,1)	(1,1,2,2)
C7	(3,7/2,9/2,5)	(4,9/2,11/2,6)	(1/2,1/2,1,1)	(1,1,1,1)

	C8	C9	C10	C11	C12
C8	(1,1,1,1)	(1/6,2/11, 2/9,1/4)	(1/8,2/15, 2/13,1/6)	(1/6,2/11, 2/9,1/4)	(1/3,2/5, 2/3,1)
C9	(4,9/2,11/2,6)	(1,1,1,1)	(1/3,2/5,2/3,1)	(1,1,1,1)	(2,5/2,7/2,4)
C10	(6,13/2,15/2,8)	(1,3/2,5/2,3)	(1,1,1,1)	(1,3/2,5/2,3)	(5,11/2,13/2,7)
C11	(4,9/2,11/2,6)	(1,1,1,1)	(1/3,2/5,2/3,1)	(1,1,1,1)	(2,5/2,7/2,4)
C12	(1,3/2,5/2,3)	(1/4,2/7, 2/5,1/2)	(1/7,2/13, 2/11,1/5)	(1/4,2/7, 2/5,1/2)	(1,1,1,1)

	C13	C14	C15	C16	C17	C18
C13	(1,1,1,1)	(5,11/2,13/2,7)	(4,9/2,11/2,6)	(4,9/2,11/2,6)	(4,9/2,11/2,6)	(1/4,2/7,2/5,1/2)
C14	(1/7,2/13, 2/11,1/5)	(1,1,1,1)	(1/4,2/7, 2/5,1/2)	(1/4,2/7, 2/5,1/2)	(1/4,2/7, 2/5,1/2)	(1/9,2/17, 2/15,1/7)
C15	(1/6,2/11,2/9,1/4)	(2,5/2,7/2,4)	(1,1,1,1)	(1,1,1,1)	(1,1,1,1)	(1/7,2/13,2/11,1/5)
C16	(1/6,2/11,2/9,1/4)	(2,5/2,7/2,4)	(1,1,1,1)	(1,1,1,1)	(1,1,1,1)	(1/7,2/13,2/11,1/5)
C17	(1/6,2/11,2/9,1/4)	(2,5/2,7/2,4)	(1,1,1,1)	(1,1,1,1)	(1,1,1,1)	(1/7,2/13,2/11,1/5)
C18	(2,5/2,7/2,4)	(7,15/2,17/2,9)	(5,11/2,13/2,7)	(5,11/2,13/2,7)	(5,11/2,13/2,7)	(1,1,1,1)

续表 4-5

	C19	C20	C21	C22	C23	C24
C19	(1,1,1,1)	(4,9/2,11/2,6)	(2,5/2,7/2,4)	(4,9/2,11/2,6)	(4,9/2,11/2,6)	(2,5/2,7/2,4)
C20	(1/6,2/11,2/9,1/4)	(1,1,1,1)	(1/4,2/7,2/5,1/2)	(1,1,1,1)	(1,1,1,1)	(1/4,2/7,2/5,1/2)
C21	(1/4,2/7,2/5,1/2)	(2,5/2,7/2,4)	(1,1,1,1)	(2,5/2,7/2,4)	(2,5/2,7/2,4)	(1,1,1,1)
C22	(1/6,2/11,2/9,1/4)	(1,1,1,1)	(1/4,2/7,2/5,1/2)	(1,1,1,1)	(1,1,1,1)	(1/4,2/7,2/5,1/2)
C23	(1/6,2/11,2/9,1/4)	(1,1,1,1)	(1/4,2/7,2/5,1/2)	(1,1,1,1)	(1,1,1,1)	(1/4,2/7,2/5,1/2)
C24	(1/4,2/7,2/5,1/2)	(2,5/2,7/2,4)	(1,1,1,1)	(2,5/2,7/2,4)	(2,5/2,7/2,4)	(1,1,1,1)

	C25	C26	C27
C25	(1,1,1,1)	(1,1,1,1)	(1,3/2,5/2,3)
C26	(1,1,1,1)	(1,1,1,1)	(1,3/2,5/2,3)
C27	(1/3,2/5,2/3,1)	(1/3,2/5,2/3,1)	(1,1,1,1)

	C28	C29
C28	(1,1,1,1)	(1,1,1,1)
C29	(1,1,1,1)	(1,1,1,1)

	C30	C31	C32	C33
C30	(1,1,1,1)	(1/4,2/7,2/5,1/2)	(1/5,2/9,2/7,1/3)	(1/6,2/11,2/9,1/4)
C31	(2,5/2,7/2,4)	(1,1,1,1)	(1/3,2/5,2/3,1)	(1/4,2/7,2/5,1/2)
C32	(3,7/2,9/2,5)	(1,3/2,5/2,3)	(1,1,1,1)	(1/3,2/5,2/3,1)
C33	(4,9/2,11/2,6)	(2,5/2,7/2,4)	(1,3/2,5/2,3)	(1,1,1,1)

	C34	C35
C34	(1,1,1,1)	(1/4,2/7,2/5,1/2)
C35	(2,5/2,7/2,4)	(1,1,1,1)

4.1.2 构建矩阵，检查一致性

利用公式(3-6)~式(3-11)及表3-3，对以上专家打分结果，建立矩阵并对其一致性进行检验。检验结果 $CR<0.10$。矩阵具有一致性。

4.1.3 计算模糊权重，解模糊

通过式(3-12)~式(3-21)，对构建的矩阵进行模糊权重计算并解模糊。结果如表4-6所示。

表 4-6　各级指标权重分值表

各 级 指 标	模糊权重向量	解模糊权重
固废特征(A1)	(0. 081,0. 091,0. 139,0. 161)	0. 112
环境特征(A2)	(0. 075,0. 087,0. 132,0. 159)	0. 108
坝体风险(A3)	(0. 117,0. 143,0. 216,0. 264)	0. 176
风险管理(A4)	(0. 138,0. 165,0. 260,0. 315)	0. 209
利用前景(A5)	(0. 264,0. 323,0. 487,0. 580)	0. 395
物理特征(B1)	(0. 185,0. 214,0. 299,0. 369)	0. 256
化学特征(B2)	(0. 522,0. 632,0. 884,1. 045)	0. 744
自然环境(B3)	(0. 5,0. 5,0. 5,0. 5)	0. 5
社会环境(B4)	(0. 5,0. 5,0. 5,0. 5)	0. 5
坝体特征(B5)	(0. 386,0. 487,0. 730,0. 885)	0. 598
排渗设施(B6)	(0. 153,0. 174,0. 233,0. 279)	0. 201
排洪设施(B7)	(0. 153,0. 174,0. 233,0. 279)	0. 201
风险防范(B8)	(0. 366,0. 511,0. 851,1. 098)	0. 650
应急响应(B9)	(0. 211,0. 264,0. 440,0. 634)	0. 350
政策支持(B10)	(1/3,1/3,1/3,1/3)	1/3
利用比例(B11)	(1/3,1/3,1/3,1/3)	1/3
技术成熟度(B12)	(1/3,1/3,1/3,1/3)	1/3
挥发性(C1)	(0. 073,0. 082,0. 119,0. 138)	0. 100
溶解性(C2)	(0. 195,0. 218,0. 343,0. 375)	0. 274
放射性(C3)	(0. 481,0. 516,0. 765,0. 822)	0. 626
腐蚀性(C4)	(0. 065,0. 080,0. 134,0. 161)	0. 104
酸碱性(C5)	(0. 046,0. 053,0. 086,0. 107)	0. 068
急性毒性(C6)	(0. 323,0. 361,0. 615,0. 687)	0. 470
浸出毒性(C7)	(0. 239,0. 271,0. 472,0. 531)	0. 358
大气条件(C8)	(0. 039,0. 046,0. 073,0. 094)	0. 053

各 级 指 标	模糊权重向量	解模糊权重
土壤情况(C9)	(0.127,0.152,0.351,0.443)	0.230
地质情况(C10)	(0.172,0.231,0.661,0.815)	0.403
水文情况(C11)	(0.127,0.152,0.351,0.443)	0.230
生态条件(C12)	(0.047,0.061,0.125,0.161)	0.084
人口密度(C13)	(0.223,0.255,0.332,0.379)	0.291
工业情况(C14)	(0.031,0.035,0.049,0.060)	0.043
农业情况(C15)	(0.071,0.079,0.099,0.112)	0.088
旅游业情况(C16)	(0.071,0.079,0.099,0.112)	0.088
畜牧业情况(C17)	(0.071,0.079,0.099,0.112)	0.088
与社区距离(C18)	(0.296,0.346,0.464,0.537)	0.402
干滩长度、浸润线(C19)	(0.270,0.339,0.514,0.631)	0.417
高度、库容(C20)	(0.050,0.058,0.083,0.102)	0.069
筑坝方式(C21)	(0.120,0.151,0.232,0.289)	0.188
坝体型式(C22)	(0.050,0.058,0.083,0.102)	0.069
服务期(C23)	(0.050,0.058,0.083,0.102)	0.069
筑坝材料(C24)	(0.120,0.151,0.232,0.289)	0.188
回水池(C25)	(0.257,0.329,0.479,0.581)	0.390
渗水竖井(C26)	(0.257,0.329,0.479,0.581)	0.390
滤管等排渗体(C27)	(0.124,0.156,0.269,0.403)	0.220
坝面排洪沟(C28)	(0.5,0.5,0.5,0.5)	0.5
排洪塔等排洪设施(C29)	(0.5,0.5,0.5,0.5)	0.5
护坡建设维护能力(C30)	(0.046,0.058,0.093,0.125)	0.073
日常坝体安全监测能力(C31)	(0.098,0.129,0.229,0.328)	0.175
排洪排渗系统日常管理能力(C32)	(0.153,0.212,0.386,0.543)	0.291
ISO标准认证(C33)	(0.258,0.357,0.614,0.804)	0.461
救援保障设备应急能力(C34)	(0.185,0.214,0.299,0.369)	0.256
应急防护和清除泄漏能力(C35)	(0.522,0.632,0.884,1.045)	0.744

4.1.4　评价指标风险分值

根据表3-4，20名专家对4级指标的风险值进行打分，整理总结见表4-7。

表4-7　4级指标风险分值表

4级指标	非常差	差	一般	好	非常好
C1	0	3	11	5	1
C2	1	3	7	8	1
C3	0	2	5	10	3
C4	3	10	5	2	0
C5	2	11	6	1	0
C6	1	4	8	5	2
C7	0	1	7	11	1
C8	0	3	9	8	0
C9	3	7	7	3	0
C10	5	10	5	0	0
C11	1	4	10	3	2
C12	1	1	8	7	3
C13	1	1	8	8	2
C14	1	2	10	2	1
C15	0	3	6	9	2
C16	0	0	8	8	4
C17	0	2	9	7	2
C18	1	2	5	9	3
C19	1	5	10	4	0
C20	1	4	11	4	0
C21	3	8	6	3	0
C22	1	3	12	3	1
C23	1	1	8	7	3

4级指标	非常差	差	一般	好	非常好
C24	2	6	10	1	1
C25	0	0	8	10	2
C26	0	1	8	9	2
C27	1	2	9	6	2
C28	1	2	10	6	1
C29	2	3	8	5	2
C30	1	1	6	10	2
C31	0	1	7	11	1
C32	0	1	6	12	1
C33	0	0	8	11	1
C34	1	1	6	10	2
C35	1	2	7	9	1
B10	1	2	10	7	0
B11	2	4	10	3	1
B12	1	3	11	4	1

利用公式（3-22）和式（3-23）对表4-7进行计算整理，得到评价结果，见表4-8。

表4-8 评价结果

评 价 指 标	模糊评价向量	风险程度范围
挥发性（C1）	(3.4,4.4,5.4,6.4)	(M,G)
溶解性（C2）	(3.55,4.55,5.55,6.55)	(M,G)
放射性（C3）	(4.4,5.4,6.4,7.4)	(M,G)
腐蚀性（C4）	(1.75,2.75,3.75,4.75)	(P,M)
酸碱性（C5）	(1.7,2.7,3.7,4.7)	(P,M)
急性毒性（C6）	(3.35,4.35,5.35,6.35)	(M,G)
浸出毒性（C7）	(4.2,5.2,6.2,7.2)	(M,G)

评价指标	模糊评价向量	风险程度范围
大气条件(C8)	(3.5,4.5,5.5,6.5)	(M,G)
土壤情况(C9)	(2.15,3.15,4.15,3.95)	(P,M)
地质情况(C10)	(1.25,2.25,3.25,4.25)	(P,M)
水文情况(C11)	(3.15,4.15,5.15,6.15)	(M,G)
生态条件(C12)	(4.05,5.05,6.05,7.05)	(M,G)
人口密度(C13)	(3.95,4.95,5.95,6.95)	(M,G)
工业情况(C14)	(2.45,3.25,4.05,4.85)	(P,M)
农业情况(C15)	(4,5,6,7)	(M,G)
旅游业情况(C16)	(4.6,5.6,6.6,7.6)	(M,G)
畜牧业情况(C17)	(3.9,4.9,5.9,6.9)	(M,G)
与社区距离(C18)	(4.15,5.15,6.15,7.15)	(M,G)
干滩长度、浸润线(C19)	(2.75,3.75,4.75,5.75)	(P,M)
高度、库容(C20)	(2.85,3.85,4.85,5.85)	(P,M)
筑坝方式(C21)	(2.05,3.05,4.05,5.05)	(P,M)
坝体型式(C22)	(3.05,4.05,5.05,6.05)	(M,G)
服务期(C23)	(4.05,5.05,6.05,7.05)	(M,G)
筑坝材料(C24)	(2.4,3.4,4.4,5.4)	(P,M)
回水池(C25)	(4.4,5.4,6.4,7.4)	(M,G)
渗水竖井(C26)	(4.2,5.2,6.2,7.2)	(M,G)
滤管等排渗体(C27)	(3.65,4.65,5.65,6.65)	(M,G)
坝面排洪沟(C28)	(3.45,4.45,5.45,6.45)	(M,G)
排洪塔等排洪设施(C29)	(3.3,4.3,5.3,6.3)	(M,G)
护坡建设维护能力(C30)	(4.15,5.15,6.15,7.15)	(M,G)
日常坝体安全监测能力(C31)	(4.2,5.2,6.2,7.2)	(M,G)
排洪排渗系统日常管理能力(C32)	(4.3,5.3,6.3,7.3)	(M,G)
ISO 标准认证(C33)	(4.3,5.3,6.3,7.3)	(M,G)

评 价 指 标	模糊评价向量	风险程度范围
救援保障设备应急能力(C34)	(4.15,5.15,6.15,5.35)	(M,G)
应急防护和清除泄漏能力(C35)	(3.75,4.75,5.75,6.75)	(M,G)
政策支持(B10)	(3.35,4.35,5.35,6.35)	(M,G)
利用比例(B11)	(2.8,3.8,4.8,5.8)	(P,M)
技术成熟度(B12)	(3.15,4.15,5.15,6.15)	(M,G)
物理特征(B1)	(4.067,5.067,6.067,7.067)	(M,G)
化学特征(B2)	(3.376,4.376,5.376,6.376)	(M,G)
自然环境(B3)	(2.248,3.248,4.248,4.972)	(P,M)
社会环境(B4)	(4.023,5.015,6.006,6.997)	(M,G)
坝体特征(B5)	(2.670,3.670,4.670,5.670)	(P,M)
排渗设施(B6)	(4.157,5.157,6.157,7.157)	(M,G)
排洪设施(B7)	(3.375,4.375,5.375,6.375)	(M,G)
风险防范(B8)	(4.272,5.272,6.272,7.272)	(M,G)
应急响应(B9)	(3.852,4.852,5.852,6.392)	(M,G)
固废特征(A1)	(3.553,4.553,5.553,6.553)	(M,G)
环境特征(A2)	(3.136,4.131,5.127,5.985)	(M,G)
坝体风险(A3)	(3.111,4.111,5.111,6.111)	(M,G)
风险管理(A4)	(4.125,5.125,6.125,6.964)	(M,G)
利用前景(A5)	(3.100,4.100,5.100,6.100)	(M,G)
最终目标	(3.371,4.370,5.370,6.321)	(M,G)

4.2 铜尾矿环境风险评价

铜尾矿库环境风险评价体系图（如图 4-3 所示），其中，固废特征用（A1）表示，其余表示为：环境特征（A2）、坝体风险（A3）、风险管理（A4）、利用前景（A5）、物理特征（B1）、化学特征（B2）、自然环境（B3）、社会环境（B4）、坝体特征（B5）、排渗设施（B6）、排洪设施（B7）、风险防范（B8）、应急响应（B9）、政策支持（B10）、利用比例（B11）、技术成熟度（B12）、挥发性（C1）、溶解性（C2）、粒径大小（C3）、腐蚀性（C4）、酸碱性（C5）、急性毒性（C6）、浸出毒性（C7）、大气条件（C8）、土壤情况（C9）、地质情况（C10）、水文情况（C11）、生态条件（C12）、人口密度（C13）、工业情

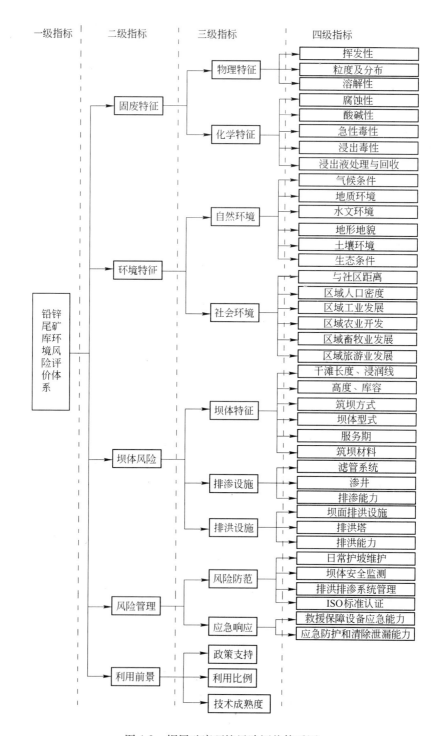

图 4-3 铜尾矿库环境风险评价体系图

况（C14）、农业情况（C15）、旅游业情况（C16）、畜牧业情况（C17）、与社区距离（C18）、干滩长度、浸润线（C19）、高度、库容（C20）、筑坝方式（C21）、坝体型式（C22）、服务期（C23）、筑坝材料（C24）、回水池（C25）、渗水竖井（C26）、滤管等排渗体（C27）、坝面排洪沟（C28）、排洪塔等排洪设施（C29）、护坡建设维护能力（C30）、日常坝体安全监测能力（C31）、排洪排渗系统日常管理能力（C32）、ISO 标准认证（C33）、救援保障设备应急能力（C34）、应急防护和清除泄漏能力（C35）。

运用该评价体系图，对云南省某铜尾矿库进行了环境风险评价。云南某铜尾矿库堆存情况如表4-9 所示。

表4-9　云南某铜矿企业铜尾矿库情况调查表

1. 铜尾矿理化分析	成分	C	O	Na	Mg	Al	Si	S	Cl	K	Ca	Ti	Mn	Fe
	含量（质量分数）/%	5.24	40.11	1.88	2.19	6.34	20.54	0.61	0.24	1.41	3.42	0.85	0.29	16.88

2. 铜尾矿浸出毒性	浸出毒性指标	样品状态描述	pH	铜	铅	锌	铬	镉	铍	钡	镍
	单位 /mg·L^{-1}	褐色、块状、潮湿	6.25	<0.02	<0.1	0.041	0.1	<0.005	<0.005	1.4	<0.04
	浸出毒性指标	砷	硒	银	汞	六价铬	氰化物	氟化物	甲基汞	乙基汞	
	单位 /mg·L^{-1}	<0.0001	<0.0002	<0.01	0.0002	<0.004	<0.001	6.81	<10ng/L	<20ng/L	

3. 铜尾矿产生量(t) 及尾矿库基本情况	年度	2008～2009 年 （合计）
	产生量/t	408998
	是否重大危险源	是
	投入运行时间	1997 年 7 月
	服务期	90 年
	贮存库形式	山谷型
	设计总库容/亿立方米	1.5
	设计总坝高/m	210
	贮存库占地面积/km²	28.33
	贮存库实际库容/亿立方米	1.2
	固废贮存量/t	408998
	筑坝方式	上游冲击法堆坝
	排洪系统形式	排水井加排洪管
	转职作业人员数/人	20

运用典型大宗工业固体废物污染源环境风险评价体系的铜尾矿库环境风险评价体系对云南某铜矿企业的铜尾矿库进行环境风险评价,评价结果见表4-10。

表4-10 铜尾矿库环境风险评价结果

评价指标	模糊评价向量	风险程度范围
挥发性(C1)	(3.4,4.4,5.4,6.4)	(M,G)
溶解性(C2)	(3,4,5,6)	(M,G)
放射性(C3)	(4.4,5.4,6.4,7.4)	(M,G)
腐蚀性(C4)	(4.4,5.4,6.4,7.4)	(M,G)
酸碱性(C5)	(2.7,3.7,4.7,5.7)	(P,M)
急性毒性(C6)	(3.35,4.35,5.35,6.35)	(M,G)
浸出毒性(C7)	(4.2,5.2,6.2,7.2)	(M,G)
大气条件(C8)	(3.5,4.5,5.5,6.5)	(M,G)
土壤情况(C9)	(2.15,3.15,4.15,5.15)	(P,M)
地质情况(C10)	(2.25,3.25,4.25,5.25)	(P,M)
水文情况(C11)	(3.15,4.15,5.15,6.15)	(M,G)
生态条件(C12)	(4.4,5.4,6.4,7.4)	(M,G)
人口密度(C13)	(4,5,6,7)	(M,G)
工业情况(C14)	(3.45,4.45,5.45,6.45)	(P,M)
农业情况(C15)	(4.3,5.3,6.3,7.3)	(M,G)
旅游业情况(C16)	(5.2,6.2,7.2,8.2)	(G,VG)
畜牧业情况(C17)	(3.9,4.9,5.9,6.9)	(M,G)
与社区距离(C18)	(4.8,5.8,6.8,7.8)	(M,G)
干滩长度、浸润线(C19)	(3.1,4.1,5.1,6.1)	(M,G)
高度、库容(C20)	(2.85,3.85,4.85,5.85)	(P,M)
筑坝方式(C21)	(2.3,3.3,4.3,5.3)	(P,M)
坝体型式(C22)	(3.05,4.05,5.05,6.05)	(M,G)
服务期(C23)	(4.35,5.35,6.35,7.35)	(M,G)
筑坝材料(C24)	(2.3,3.3,4.3,5.3)	(P,M)
回水池(C25)	(2.45,3.45,4.45,5.45)	(P,M)
渗水竖井(C26)	(4.2,5.2,6.2,7.2)	(M,G)

评价指标	模糊评价向量	风险程度范围
滤管等排渗体（C27）	(3.35,4.35,5.35,6.35)	(M,G)
坝面排洪沟（C28）	(3.65,4.65,5.65,6.65)	(M,G)
排洪塔等排洪设施（C29）	(3.3,4.3,5.3,6.3)	(M,G)
护坡建设维护能力（C30）	(4.15,5.15,6.15,7.15)	(M,G)
日常坝体安全监测能力（C31）	(4.1,5.1,6.1,7.1)	(M,G)
排洪排渗系统日常管理能力（C32）	(4.2,5.2,6.2,7.2)	(M,G)
ISO 标准认证（C33）	(4.3,5.3,6.3,7.3)	(M,G)
救援保障设备应急能力（C34）	(4.05,5.05,6.05,7.05)	(M,G)
应急防护和清除泄漏能力（C35）	(3.65,4.65,5.65,6.65)	(M,G)
政策支持（B10）	(3.45,4.45,5.45,6.45)	(M,G)
利用比例（B11）	(2.75,3.75,4.75,5.75)	(P,M)
技术成熟度（B12）	(3.15,4.15,5.15,6.15)	(M,G)
物理特征（B1）	(3.862,4.862,5.862,6.862)	(M,G)
化学特征（B2）	(3.719,4.719,5.719,6.719)	(M,G)
自然环境（B3）	(2.681,3.681,4.681,5.681)	(P,M)
社会环境（B4）	(4.421,5.421,6.421,7.421)	(M,G)
坝体特征（B5）	(2.865,3.865,4.865,5.865)	(P,M)
排渗设施（B6）	(3.331,4.331,5.331,6.331)	(M,G)
排洪设施（B7）	(3.475,4.475,5.475,6.475)	(M,G)
风险防范（B8）	(4.225,5.225,6.225,7.225)	(M,G)
应急响应（B9）	(3.752,4.752,5.752,6.752)	(M,G)
固废特征（A1）	(3.803,4.803,5.803,6.803)	(M,G)
环境特征（A2）	(3.551,4.551,5.551,6.551)	(M,G)
坝体风险（A3）	(3.081,4.081,5.081,6.081)	(M,G)
风险管理（A4）	(4.060,5.060,6.060,7.060)	(M,G)
利用前景（A5）	(3.117,4.117,5.117,6.117)	(M,G)
最终目标	(3.441,4.441,5.441,6.441)	(M,G)

由表4-10可以得出，该铜尾矿库环境风险为（3.441，4.441，5.441，6.441），即（一般，好），如图4-4所示。说明该尾矿库具有一定风险，但较

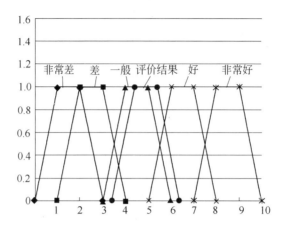

图 4-4　铜尾矿库环境风险评价结果图

为安全，不会对自身及其周边环境造成严重的污染。对于坝体特征，即相应的筑坝材料、回水池等存在风险隐患。由于该尾矿库管理措施较为完善，可降低其总体风险，但相关风险隐患不容忽视，应加强监督、防范，做到以安全为首要任务。

4.3　铅锌尾矿库环境风险评价

铅锌尾矿库环境风险评价体系（如图 4-5 所示），其中，固废特征用（A1）表示，其余表示为：环境特征（A2）、坝体风险（A3）、风险管理（A4）、利用前景（A5）、物理特征（B1）、化学特征（B2）、自然环境（B3）、社会环境（B4）、坝体特征（B5）、排渗设施（B6）、排洪设施（B7）、风险防范（B8）、应急响应（B9）、政策支持（B10）、利用比例（B11）、技术成熟度（B12）、挥发性（C1）、粒度及分布（C2）、溶解性（C3）、腐蚀性（C4）、酸碱性（C5）、急性毒性（C6）、浸出毒性（C7）、浸出液处理与回收（C8）、气候条件（C9）、地质环境（C10）、水文环境（C11）、地形地貌（C12）、土壤环境（C13）、生态条件（C14）、与社区距离（C15）、区域人口密度（C16）、区域工业发展（C17）、区域农业开发（C18）、区域畜牧业发展（C19）、区域旅游业发展（C20）、干滩长度、浸润线（C21）、高度、库容（C22）、筑坝方式（C23）、坝体型式（C24）、服务期（C25）、筑坝材料（C26）、滤管系统（C27）、渗竖（C28）、排渗能力（C29）、坝面排洪设施（C30）、排洪塔（C31）、排洪能力（C32）、日常护坡维护（C33）、坝体安全监测（C34）、排洪排渗系统管理（C35）、ISO 标准认证（C36）、救援保障设备应急能力（C37）、应急防护和清除泄漏能力（C38）。

湖南某铅锌尾矿库堆存情况如表 4-11 所示。

表 4-11 湖南某铅锌矿企业铅锌尾矿库情况调查表

<table>
<tr><td rowspan="3">1. 铅锌尾矿理化分析</td><td>成分</td><td>C</td><td>O</td><td>Mg</td><td>Na</td><td>Al</td><td>Si</td><td>S</td><td>K</td><td>Ca</td><td>Ti</td><td>Fe</td><td>Ba</td><td>Zn</td><td>Mn</td></tr>
<tr><td>含量（质量分数）/%</td><td>11.91</td><td>47.23</td><td>7.76</td><td>—</td><td>1.54</td><td>4.56</td><td>0.57</td><td>0.81</td><td>22.14</td><td>—</td><td>2.57</td><td>—</td><td>0.76</td><td>0.4</td></tr>
</table>

<table>
<tr><td rowspan="4">2. 铅锌尾矿浸出毒性</td><td>浸出毒性指标</td><td>样品状态描述</td><td>pH</td><td>铜</td><td>铅</td><td>锌</td><td>铬</td><td>镉</td><td>铍</td><td>钡</td><td>镍</td></tr>
<tr><td>单位/mg·L⁻¹</td><td>褐色、块状、潮湿</td><td>6.44</td><td><0.02</td><td>0.1</td><td>0.115</td><td><0.05</td><td><0.005</td><td><0.005</td><td>10.4</td><td><0.04</td></tr>
<tr><td>浸出毒性指标</td><td>砷</td><td>硒</td><td>银</td><td>汞</td><td>六价铬</td><td>氰化物</td><td>氟化物</td><td>甲基汞</td><td>乙基汞</td></tr>
<tr><td>单位/mg·L⁻¹</td><td><0.0001</td><td>0.0008</td><td><0.01</td><td><0.0002</td><td><0.004</td><td><0.001</td><td>0.139</td><td><10ng/L</td><td><20ng/L</td></tr>
</table>

3. 铅锌尾矿产生量/万吨	年度	2009	2007	2005	2003	总 计
	产生量	1225691	1386696	1011697	250648	
	年度	2010	2008	2006	2004	12197887
	产生量	1788000	1187153	1356816	1117078	

4. 铅锌尾矿库基本情况	是否重大危险源	是
	投入运行时间	1988 年
	服务期	14.86 年
	贮存库形式	山谷型
	设计总库容/万立方米	67.5
	设计总坝高/m	23.5
	贮存库实际高度/m	23
	贮存库实际库容/万立方米	60
	固废贮存量/t	8639737
	贮存年限/年	8
	排放方式	坝前放矿
	筑坝方式	一次性筑坝
	排洪系统形式	截洪沟式、管式
	专职作业人员数/人	4

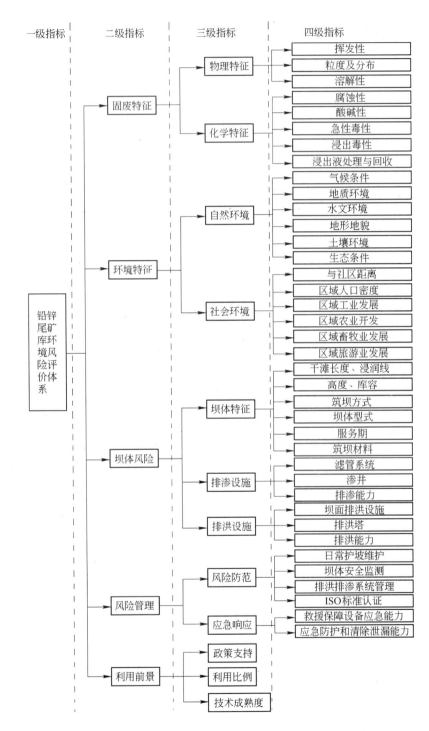

图 4-5　铅锌尾矿库环境风险评价体系图

运用典型大宗工业固体废物污染源环境风险评价体系的铅锌尾矿库环境风险评价体系对湖南某铅锌矿企业的铅锌尾矿库进行环境风险评价，评价结果见表 4-12。

表 4-12 铅锌尾矿库环境风险评价结果

评价指标	模糊评价向量	风险程度范围
挥发性(C1)	(3.15,4.15,5.15,6.15)	(M,G)
粒度及分布(C2)	(4.3,5.3,6.3,7.3)	(M,G)
溶解性(C3)	(4.4,5.4,6.4,7.4)	(M,G)
腐蚀性(C4)	(2.25,3.25,4.25,5.25)	(P,M)
酸碱性(C5)	(2.7,3.7,4.7,5.7)	(P,M)
急性毒性(C6)	(3.15,4.15,5.15,6.15)	(M,G)
浸出毒性(C7)	(2.85,3.85,4.85,5.85)	(P,M)
浸出液处理与回收(C8)	(4.2,5.2,6.2,7.2)	(M,G)
气候条件(C9)	(3.5,4.5,5.5,6.5)	(M,G)
地质环境(C10)	(3.05,4.05,5.05,6.05)	(M,G)
水文环境(C11)	(2.25,3.25,4.25,5.25)	(P,M)
地形地貌(C12)	(3.9,4.9,5.9,6.9)	(M,G)
土壤环境(C13)	(3.15,4.15,5.15,6.15)	(M,G)
生态条件(C14)	(4.4,5.4,6.4,7.4)	(M,G)
与社区距离(C15)	(4,5,6,7)	(M,G)
区域人口密度(C16)	(3.45,4.45,5.45,6.45)	(M,G)
区域工业发展(C17)	(4.3,5.3,6.3,7.3)	(M,G)
区域农业开发(C18)	(5.2,6.2,7.2,8.2)	(G,VG)
区域畜牧业发展(C19)	(3.9,4.9,5.9,6.9)	(M,G)
区域旅游业发展(C20)	(4.8,5.8,6.8,7.8)	(M,G)
干滩长度、浸润线(C21)	(3.1,4.1,5.1,6.1)	(M,G)
高度、库容(C22)	(2.85,3.85,4.85,5.85)	(P,M)
筑坝方式(C23)	(2.3,3.3,4.3,5.3)	(P,M)
坝体型式(C24)	(3.05,4.05,5.05,6.05)	(M,G)

评 价 指 标	模糊评价向量	风险程度范围
服务期(C25)	(4.35,5.35,6.35,7.35)	(M,G)
筑坝材料(C26)	(2.3,3.3,4.3,5.3)	(P,M)
滤管系统(C27)	(2.45,3.45,4.45,5.45)	(P,M)
渗竖(C28)	(4.2,5.2,6.2,7.2)	(M,G)
排渗能力(C29)	(3.35,4.35,5.35,6.35)	(M,G)
坝面排洪设施(C30)	(3.65,4.65,5.65,6.65)	(M,G)
排洪塔(C31)	(3.05,4.05,5.05,6.05)	(M,G)
排洪能力(C32)	(3.3,4.3,5.3,6.3)	(M,G)
日常护坡维护(C33)	(4.15,5.15,6.15,7.15)	(M,G)
坝体安全监测(C34)	(4.1,5.1,6.1,7.1)	(M,G)
排洪排渗系统管理(C35)	(4.2,5.2,6.2,7.2)	(M,G)
ISO 标准认证(C36)	(4.3,5.3,6.3,7.3)	(M,G)
救援保障设备应急能力(C37)	(4.05,5.05,6.05,7.05)	(M,G)
应急防护和清除泄漏能力(C38)	(3.65,4.65,5.65,6.65)	(M,G)
政策支持(B10)	(4.2,5.2,6.2,7.2)	(M,G)
利用比例(B11)	(3.65,4.65,5.65,6.65)	(M,G)
技术成熟度(B12)	(3.05,4.05,5.05,6.05)	(M,G)
物理特征(B1)	(4.265,5.265,6.265,7.265)	(M,G)
化学特征(B2)	(3.252,4.251,5.250,6.249)	(M,G)
自然环境(B3)	(3.039,4.038,5.037,6.036)	(M,G)
社会环境(B4)	(4.421,5.421,6.421,7.421)	(M,G)
坝体特征(B5)	(2.865,3.865,4.865,5.865)	(P,M)
排渗设施(B6)	(3.331,4.331,5.331,6.331)	(M,G)

评价指标	模糊评价向量	风险程度范围
排洪设施(B7)	(3.330,4.329,5.328,6.327)	(M,G)
风险防范(B8)	(4.225,5.225,6.225,7.225)	(M,G)
应急响应(B9)	(3.752,4.752,5.752,6.752)	(M,G)
固废特征(A1)	(3.846,4.845,5.845,6.844)	(M,G)
环境特征(A2)	(3.730,4.730,5.729,6.729)	(M,G)
坝体风险(A3)	(3.052,4.052,5.051,6.051)	(M,G)
风险管理(A4)	(4.060,5.060,6.060,7.060)	(M,G)
利用前景(A5)	(3.633,4.633,5.633,6.633)	(M,G)
最终目标	(3.661,4.661,5.661,6.661)	(M,G)

由表4-12可以得出，该铜尾矿库环境风险为（3.661，4.661，5.661，6.661），即（一般，好），如图4-6所示。说明该尾矿库具有一定风险，但较为安全，不会对自身及其周边环境造成严重的污染。对于坝体特征，除了高度、库容、筑坝方式存在相应风险，筑坝材料、滤管系统等存在风险隐患。因此，应加强对筑坝材料、滤管系统等监督、防范，做到防患于未然。

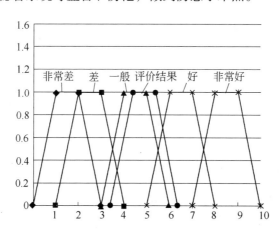

图4-6 铅锌尾矿库环境风险评价结果图

4.4 锰渣库环境风险评价

重庆某电解锰企业锰渣库情况如表4-13所示。

表 4-13 重庆某电解锰企业锰渣库情况调查表

1. 渣库所属企业信息

渣库所属企业名称：秀山县某矿业有限责任公司

地址：重庆市秀山县	邮编：409904

企业规模：产能：4 万吨/年（2013 年改建）产量：4 万吨/年（2013 年）

锰渣：年产量：23.2 万吨/年（企业估算）历史积存量：30 万吨（2012 年）

企业所属性质：
☐国有　　　　　　　　　　　　　　☐其他
☐国有独资　☐国有控股　☐国有参股　　☐集体　☑民营　☐外资

企业主管单位：重庆市秀山县政府

是否编制有应急预案：
☑　生产安全事故应急预案☑重大危险源事故应急预案　　☐全无

企业是否通过 ISO 标准认证　☑是　　　　☐否

2. 渣库基本信息

锰渣堆放场地名称：秀山县某企业锰渣堆放场地

地址：重庆市秀山县	渣库投入运行时间：2012 年
锰渣堆放地联系人：××	联系电话：××	邮箱：××

渣库中心经纬度：经度：109°01′37″东经　纬度：28°34′35″北纬

2.1　设计情况

库型： ☑山谷型　☐旁山型　☐平地型　☐截河型	筑坝方式 ☐ 上游式　☐中线式　☑下游式
初期坝类型： ☐　不透水坝　☑透水坝 ☐　土坝　☐土石混合坝　☐堆石坝　☐砌石坝　☑混凝土坝	初期坝高：
渣库等别：5 级	服务年限：10 年	设计库容：60 万立方米
堆积子坝高：8m	堆积坝坡比：1：2
堆积坝总坡比：1：2	汇水面积：36000m²
回水方式：收集池收集	排洪方式：拦山堰

坝体排渗设计：（说明排渗设施情况，排渗褥垫、排渗沟、排渗井、排渗管等）
　　　　　　堤坝埋设有排渗管。

2.2　目前状况

目前坝高：10m	目前库容：5 万吨（估算）
干滩长度：80m	安全超高：
子坝高：8m	子坝外坡比：1：2
堆积坝总坡比：1：2	

续表 4-13

排水情况：（说明排水井（斜槽）、排水管（隧洞）、排水沟、回水设施和调蓄洪水情况）

　　设有地下水导排系统和渗滤液收集系统，渣场外部建有 15000m³ 的渗滤液收集池。渗滤液可打回至化合车间循环利用。

2.3 渣库环保历史情况

是否发生过溃坝、塌方等安全事故，若有，请描述之。

无

是否发生过环境安全事故，若有，请描述之。

无

该渣库（该企业）在锰三角区域环境综合整治行动中的环保检查结果，如有采样调查数据，可附上。

无

3. 锰渣综合利用信息

渣库锰渣综合利用方式：

☐回收金属　☐生产水泥　☐制砖　☐制墙体材料　☐制路基　☐生产肥料 ☑无

如有综合利用，提供利用工艺和历史处置量等信息：

无

4. 锰渣库周边环境特征

所处地区背景： ☑农村　☐城市　☐郊区	5km 直径内的人口数（估算）： ☐0　☐1～100　☑100～1000 ☐1000～10000　☐>10000
渣库上游来水、地质安全隐患 ☐有河流 ☑有雨水汇聚☐有雨水导排 ☐泥石流隐患☐地震隐患☑地下溶洞	下游 2km 内单位、居民人数（估算）： ☐0　☐1～100　☑100～1000 ☐1000～10000　☐>10000
5km 内主要土地利用方式： ☐居民区　☐农业　☐商业　☐矿山　☑森林　☐草原　☐其他	
5km 内是否有 ☐公园　☐自然保护区　☐珍稀动物栖息地 ☐水源保护区　☐古迹　☐湿地　☑无	5km 内 20 年内是否发生过 ☐地震　☐洪水　☐泥石流　☑无

年均降雨量：1349.1mm	最大降雨月份：7 月	年均蒸发量：

地形：☐平原☑丘陵、山地　☐河沿	场地地面最大高程差：20m
是否有喀斯特地貌： ☑有　　　☐无	渣库附近是否有地下溶洞： ☐有　☑无 ☐未知
潜水水位：　m　（未知）	潜水层厚度：（未知）
潜水层渗透系数：（未知）	平均水力梯度：（未知）
场地 2km 范围是否有地表水体？ ☑是　　　　　☐否	距离最近的地表水体名称、类型及距离： 梅江河、河流、300m（水体类型可分为：河流（包括间歇性、季节性溪流和灌溉渠道）、湖泊、水库（包括池塘）、潮汐水域）

续表 4-13

是否有明显径流穿过渣库进入地表水，或渣库直接外派渗滤液进入地表水，或者渣库附近地势低洼处有沟壑等明显径流流路径

□径流　□直接外排　□沟壑等　☑无上述情况

渣库内部及100m范围内是否有植物胁迫现象 □有　☑无	渣库内及附近100m范围积水是否有污染现象 □带颜色　□浑浊　☑无异常情况
渣库的主导风向及季节（月份） 东北、春节	渣库所在区域平均风速 1.5m/s
渣库所在区域的年均颗粒物浓度 （未知）	PM10 和 PM2.5 浓度 （未知）
渣库是否有完整围墙、指示牌、门卫等限制随意进出措施？☑有　□无	渣库及100m范围内的活动人口数（估计） □0　☑1～100　□100～1000 □1000～10000　□＞10000

　　运用典型大宗工业固体废物污染源环境风险评价体系之锰渣库环境风险评价体系对重庆某电解锰企业的锰渣库进行环境风险评价，评价过程参照第5章评价体系的建立，评价结果见表4-14。

表 4-14　各级指标权重计算结果

项　　目	模糊权重向量	解模糊权重
固废特征 A1	0.161，0.189，0.254，0.293	0.219
环境特征 A2	0.103，0.117，0.154，0.181	0.136
坝体风险 A3	0.254，0.29，0.375，0.427	0.329
风险管理 A4	0.213，0.242，0.309，0.349	0.272
利用前景 A5	0.033，0.038，0.049，0.058	0.043
物理特征 B1	0.224，0.233，0.254，0.267	0.244
化学特征 B2	0.655，0.705，0.811，0.87	0.756
自然环境 B3	0.707，0.772，0.903，0.976	0.833
社会环境 B4	0.137，0.149，0.183，0.209	0.167
坝体特征 B5	0.253，0.291，0.379，0.431	0.332
排渗设施 B6	0.33，0.377，0.486，0.552	0.428
排洪设施 B7	0.195，0.215，0.267，0.303	0.240
风险防范 B8	0.542，0.597，0.727，0.808	0.657
应急响应 B9	0.256，0.298，0.391，0.446	0.343
政策支持 B10	0.136，0.157，0.212，0.249	0.184
利用比例 B11	0.327，0.366，0.459，0.517	0.409

项　　目	模糊权重向量	解模糊权重
技术成熟度 B12	0.304, 0.354, 0.469, 0.537	0.407
挥发性 C1	0.187, 0.206, 0.253, 0.283	0.228
溶解性 C2	0.319, 0.362, 0.463, 0.523	0.410
放射性 C3	0.288, 0.323, 0.406, 0.455	0.362
腐蚀性 C4	0.065, 0.075, 0.102, 0.121	0.088
酸碱性 C5	0.04, 0.044, 0.057, 0.066	0.050
急性毒性 C6	0.366, 0.421, 0.551, 0.632	0.481
浸出毒性 C7	0.285, 0.331, 0.439, 0.505	0.381
大气条件 C8	0.154, 0.183, 0.253, 0.297	0.215
土壤情况 C9	0.117, 0.133, 0.173, 0.2	0.152
地质情况 C10	0.185, 0.216, 0.289, 0.335	0.249
水文情况 C11	0.228, 0.269, 0.365, 0.425	0.313
生态条件 C12	0.052, 0.06, 0.083, 0.1	0.071
人口密度 C13	0.154, 0.184, 0.263, 0.317	0.220
工业情况 C14	0.061, 0.073, 0.107, 0.132	0.089
农业情况 C15	0.105, 0.129, 0.192, 0.237	0.158
旅游业情况 C16	0.081, 0.102, 0.158, 0.197	0.128
畜牧业情况 C17	0.079, 0.095, 0.137, 0.166	0.114
与社区距离 C18	0.198, 0.242, 0.354, 0.429	0.292
干滩长度、浸润线 C19	0.176, 0.216, 0.32, 0.39	0.263
高度、库容 C20	0.064, 0.077, 0.115, 0.143	0.094
筑坝方式 C21	0.167, 0.207, 0.309, 0.378	0.253
坝体型式 C22	0.098, 0.121, 0.181, 0.222	0.148
服务期 C23	0.024, 0.028, 0.04, 0.05	0.034
筑坝材料 C24	0.145, 0.174, 0.249, 0.301	0.207
回水池 C25	0.06, 0.07, 0.09, 0.11	0.088
渗水竖井 C26	0.16, 0.19, 0.25, 0.3	0.242
滤管等排渗体 C27	0.45, 0.52, 0.68, 0.78	0.670
坝面排洪沟 C28	0.354, 0.4, 0.503, 0.563	0.449
排洪塔等排洪设施 C29	0.456, 0.501, 0.607, 0.673	0.551
护坡建设维护能力 C30	0.206, 0.244, 0.339, 0.402	0.287
日常坝体安全监测能力 C31	0.196, 0.233, 0.327, 0.39	0.277
排洪排渗系统日常管理能力 C32	0.194, 0.236, 0.34, 0.408	0.283
ISO 标准认证 C33	0.111, 0.13, 0.179, 0.214	0.152
救援保障设备应急能力 C34	0.57, 0.638, 0.783, 0.865	0.707
应急防护和清除泄漏能力 C35	0.257, 0.273, 0.315, 0.345	0.293

针对调查的锰渣堆放场地的实际情况，对评价体系的指标层和要素层的 3 个指标进行打分，结合专家打分计算的权重值，计算评价结果如表 4-15 所示。

表 4-15 锰渣堆放场地风险值计算结果

评价指标	模糊评价向量	风险程度范围
挥发性 C1	3，4，5，6	一般
溶解性 C2	1，2，3，4	差
放射性 C3	7，8，9，10	非常好
腐蚀性 C4	1，2，3，4	差
酸碱性 C5	1，2，3，4	差
急性毒性 C6	5，6，7，8	好
浸出毒性 C7	3，4，5，6	一般
大气条件 C8	3，4，5，6	一般
土壤情况 C9	3，4，5，6	一般
地质情况 C10	1，2，3，4	差
水文情况 C11	1，2，3，4	差
生态条件 C12	5，6，7，8	好
人口密度 C13	5，6，7，8	好
工业情况 C14	3，4，5，6	一般
农业情况 C15	5，6，7，8	好
旅游业情况 C16	5，6，7，8	好
畜牧业情况 C17	3，4，5，6	一般
与社区距离 C18	1，2，3，4	差
干滩长度、浸润线 C19	3，4，5，6	一般
高度、库容 C20	5，6，7，8	好
筑坝方式 C21	5，6，7，8	好
坝体型式 C22	5，6，7，8	好
服务期 C23	5，6，7，8	好
筑坝材料 C24	3，4，5，6	一般
回水池 C25	5，6，7，8	好
渗水竖井 C26	3，4，5，6	一般
滤管等排渗体 C27	5，6，7，8	好
坝面排洪沟 C28	5，6，7，8	好
排洪塔等排洪设施 C29	3，4，5，6	一般
护坡建设维护能力 C30	3，4，5，6	一般
日常坝体安全监测能力 C31	3，4，5，6	一般
排洪排渗系统日常管理能力 C32	3，4，5，6	一般

评价指标	模糊评价向量	风险程度范围
ISO 标准认证 C33	5, 6, 7, 8	好
救援保障设备应急能力 C34	3, 4, 5, 6	一般
应急防护和清除泄漏能力 C35	3, 4, 5, 6	一般
政策支持 B10	1, 2, 3, 4	差
利用比例 B11	0, 1, 2, 3	非常差
技术成熟度 B12	1, 2, 3, 4	差
物理特征 B1	3.63, 4.63, 5.63, 6.63	一般~好
化学特征 B2	3.685, 4.685, 5.685, 6.685	一般~好
自然环境 B3	2.019, 3.019, 4.019, 5.019	差~一般
社会环境 B4	3.428, 4.428, 5.428, 6.428	一般~好
坝体特征 B5	4.06, 5.06, 6.06, 7.06	一般~好
排渗设施 B6	4.516, 5.516, 6.516, 7.516	一般~好
排洪设施 B7	3.897, 4.897, 5.897, 6.897	一般~好
风险防范 B8	3.305, 4.305, 5.305, 6.305	一般~好
应急响应 B9	3, 4, 5, 6	一般
固废特征 A1	3.672, 4.672, 5.672, 6.672	一般~好
环境特征 A2	2.254, 3.254, 4.254, 5.254	差~一般
坝体风险 A3	4.216, 5.216, 6.216, 7.216	一般~好
风险管理 A4	3.109, 4.006, 4.904, 5.802	一般~好
利用前景 A5	0.591, 1.591, 2.591, 3.591	非常差~差
渣库风险	3.372, 4.344, 5.316, 6.288	一般~好

（1）由表 4-14 可知，二级指标中坝体风险 A3 权重最大，其次为风险管理 A4。坝体风险指标中，排渗设施 B6 较为重要。锰渣堆放场地要符合相关法规规定，特别要注意锰渣堆放场地的安全选址、规范设计，要有完善的排渗设施，并且要加强渣库的环境安全管理，有风险防范和应急响应的能力。

（2）由表 4-15 可知，该锰渣堆放场地的环境风险为（3.372，4.344，5.316，6.288），即处于"一般"和"好"之间，说明渣库有一定的风险，但较为安全，不会对自身及其周边环境造成严重污染。

（3）由表 4-15 可知，该锰渣堆放场地的二级指标中，环境特征 A2 评价为"差"和"一般"之间，利用前景 A5 评价为"非常差"和"差"之间，说明渣库的主要环境风险在于周边的敏感环境要素，以及锰渣难以利用带来的堆存过程的管理压力。

4.5 赤泥库环境风险评价

4.5.1 赤泥堆场与周边环境概况

赤泥堆场建于 2009 年底，设计库容 961 万立方米，服务年限为 4 ~ 5 年，新堆场所在地主要为丘陵地带，发生地质灾害的可能性较低。堆场建于山谷中，堆场一面为筑坝，其余三面均为山体。设计坝高为 116m，坝底宽为 620m，坝顶宽为 12m，坝由粉煤灰和赤泥等筑成，为不透水坝。另外山体接触赤泥部分均做了一定的防渗处理，但是防渗布铺放较为粗糙，布与布衔接处仍依稀可看到下面的山体。堆场所在区域全年平均气温 13.2℃，属暖温带半干旱半湿润季风气候，年均降水量 573.5mm，最大一日极值降雨量为 213.6mm。赤泥堆场周边 500m、下游 10km 范围内无居民。

4.5.2 三级指标相对风险分数值确定

依据三级指标的判断标准，结合赤泥、赤泥堆场、堆场周边环境和堆场管理等相关资料，确定三级指标相对风险分数值，见表 4-16。

表 4-16 河南赤泥堆场三级指标相对风险分数值

序　号	三级指标	分值	权重	最终分值
1	颗粒大小	6	0.0078	0.0468
2	容重	9	0.0026	0.0234
3	含水量	2	0.0033	0.0066
4	放射性	9	0.0280	0.2520
5	附液阴离子浓度	9	0.0316	0.2844
6	附液阳离子浓度	9	0.0983	0.8847
7	酸碱度	9	0.0307	0.2149
8	浸出毒性	2	0.0406	0.0812
9	坝的高度	9	0.0871	0.7839
10	坝的全库容	3	0.0871	0.2613
11	库类型	2	0.0450	0.0900
12	坝下游坡比	6	0.0223	0.1338
13	最小干滩长度	9	0.0294	0.2646
14	最小安全超高	9	0.0294	0.2646
15	防渗程度	8	0.0216	0.1728
16	排渗排洪设施	6	0.0237	0.1422
17	尾矿库使用年限	1	0.0228	0.0228

序　号	三级指标	分值	权重	最终分值
18	护坡建设情况	7	0.0421	0.2947
19	坝周排洪情况	6	0.0115	0.0690
20	是否处理岩溶或裂隙发育地区	2	0.0156	0.0312
21	地震基本烈度	7	0.0261	0.1827
22	泥石流灾害情况	2	0.0168	0.0336
23	护坡灾害情况	2	0.0165	0.0330
24	极值日降雨量	9	0.0216	0.1944
25	多年均降雨量	3	0.0209	0.0627
26	植被覆盖度	5	0.0069	0.0345
27	地表侵蚀率	5	0.0068	0.0340
28	坝与环境敏感区距离	3	0.0241	0.0723
29	下游人口密度	2	0.0127	0.0254
30	员工培训制度	8	0.0117	0.0936
31	日程巡检制度	6	0.0115	0.0690
32	坝体安全监测	8	0.0337	0.2696
33	排洪排渗管理	6	0.0337	0.2022
34	应急执行方案	7	0.0238	0.1666
35	救援保障设备	8	0.0203	0.1624
36	救援通道	7	0.0227	0.1589
37	应急训练	8	0.0096	0.0768

4.5.3 评价结果与风险分析

根据三级指标权重与三级指标相对风险分数值相乘得到堆场综合风险值。最终得到堆场综合分数值得分为 62 分，其中堆场特征风险分数值为 25 分，由此可见，堆场风险等级为次高风险等级，基本具备安全运行条件，对周边环境污染产生的影响，尚未达到即将发生事故的程度，需采取适当的措施降低风险，以防风险发展为高风险等级。

根据三级指标的最终风险分数值，分析河南赤泥堆场存在风险主要表现在以下方面：

（1）渗透液中汞等重金属离子和氟化物等阴离子超过国家地表水环境质量标准，如果防渗处理不到位将存在渗滤液下渗污染地下水和污染地表水的风险；

（2）坝的高度较高，超过100m，一旦溃坝将造成巨大的环境灾害；

（3）堆场风险防范措施能力不足，缺乏在线安全监测功能，此外在应急响应方面缺乏必要的救援保障设备和应急演练等；

（4）坝的最小安全超高和最小干滩长度不符合相关要求，使得坝的抗洪能力较差，存在较大漫坝溃坝风险；

（5）渗滤液中pH值较高，存在污染地下水和地表水的风险。实际上渗滤液高的pH已对周边地下水和地表水造成了一定的影响，赤泥堆场1km以外的下游地表水和地下水的pH值均高于国家地表水和地下水质量标准；

（6）堆存赤泥的放射性对周边环境也存在一定风险。堆场堆存赤泥经放射性监测，其内照射指数（Ira）和外照射指数（Ir）均高于我国建筑材料标准C类装修材料限量。

4.6 讨论和总结

运用典型大宗工业固体废物污染源环境风险评价体系对云南某磷化工企业的磷石膏尾矿库进行环境风险评价，由表4-6可以得出，五位专家认为二级指标中利用前景（A5）权重最大，其最为重要。说明利用前景的好坏直接关系到尾矿库的环境风险大小。其次是风险管理，大多数尾矿库溃坝、泄漏都是由于管理不善造成的，因此只有规范的操作，有效的管理才能降低其环境风险大小，对其进行风险防范较为重要。在坝体风险中，干滩长度与浸润线之比是考核坝体稳定性的重要因素，因此干滩长度、浸润线指标在坝体风险指标中较为重要。急性毒性能直接反映出污染物的危害程度，而对于磷石膏，其放射性是必不可少的指标，因此急性毒性与放射性指标在固废特征指标中具有较大的权重。对环境特征而言，地质情况、人口密度和与社区距离指标较为重要。

由表4-7和表4-8可以看出，根据对该企业磷石膏尾矿库周边环境、尾矿库的采样调研，以及对采样结果进行评价，得到如下结论：

（1）如图4-2所示，该磷石膏尾矿库环境风险为（3.371，4.370，5.370，6.321），即（一般，好）。

说明该尾矿库具有一定的风险，但较为安全，不会对自身及其周边环境造成严重的污染。

（2）由表4-8可以看出，该尾矿库的地址情况风险分值为（1.25，2.25，3.25，4.25），说明该污染源的环境风险安全隐患主要在于地质情况。其次，利用比例、干滩长度、浸润线、高度、库容、筑坝方式和筑坝材料等也存在一些风险。因此，对于该企业应从以上方面对其尾矿库及其周边进行检查、整改，减小风险，排除风险隐患。

本书通过运用已建立的评价方法定量评价典型大宗工业固体废物的环境风

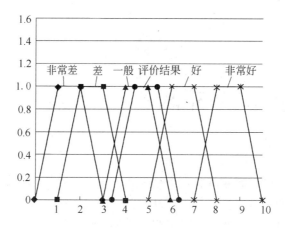

图 4-2 磷石膏尾矿库环境风险评价结果图

险,并能通过模糊逻辑及层次分析法,较为真实的反应污染源的风险问题。该评价方法易操作并且能够定量化,为环境管理者提供了一个切实可行的管理方法。

典型大宗工业固体废物污染源环境管理

基于典型工业固体废物现状调查结果、污染源风险技术评价结果、我国现行工业固体废物环境管理法律法规、标准规范、规划和指南等的系统性分析整理结果和文献调研、现场调研和专家咨询得到的铜尾矿、铅锌尾矿、赤泥、电解锰渣和磷石膏综合管理现状及其存在的主要问题，本章编写了典型大宗工业固体废物污染源环境管理现状、问题及对策建议。

5.1 主要共性问题

铜尾矿、铅锌尾矿、赤泥、电解锰渣、磷石膏等五类典型大宗工业固体废物的共性问题，主要表现在以下几个方面（见表5-1）。

表 5-1 五类典型大宗工业固体废物的共性问题

固体废物	产废企业数/家	2011 年产生量/万吨	2011 年综合利用率/%	累计堆存量/亿吨	堆场属性
铜尾矿	306	30700	15.7	18.5	第Ⅰ类
铅锌尾矿	604	1260		5	第Ⅰ类
赤泥	>40	4260	5.24	3	大多为第Ⅱ类
电解锰渣	190	约1000	1	0.9	第Ⅱ类
磷石膏	>90	6800	24	3	第Ⅱ类

（1）年产生量均超过千万吨；

（2）综合利用率低，最高为24%，最低为1%，远远低于全国大宗工业固体废物60%左右的平均综合利用率；

（3）累积贮存量多，几乎均超过亿吨。这些工业固体废物中大都含有对环境和人体健康有害的物质，例如氟化物和铜、铅、锌等重金属物质，由此带来巨大的环境污染风险。

5.1.1 共性环境问题

五类典型大宗工业固体废物表现的共性环境问题为:

(1) 大量原矿开采,导致源头的生态破坏;

(2) 大量不规范堆存造成场地污染。工业固体废物贮存污染控制标准《一般工业固体废物贮存、处置场污染控制标准》(GB 18599—2001) 于 2001 年才开始颁布实施,在这之前设计建设的工业固体废物堆场,当时由于缺乏明确的环保防渗要求,以致其防渗效果参差不齐。贮存设施不符合标准或者管理不到位,很容易导致场地污染问题。比如,铅锌尾矿可能导致重金属的污染;赤泥、电解锰渣、磷石膏绝大多数属于第 Ⅱ 类一般工业固体废物,部分还属于危险废物。一旦造成场地污染,其表现的隐蔽性、长期性、复杂性,增加了未来修复的难度和成本。

5.1.2 共性环境管理问题

通过分析整理工业固体废物现行法规体系 (见表 5-2),发现五类典型大宗工业固体废物存在如下几个方面的共性环境管理问题:

(1) 工业固体废物法规体系亟须完善。我国现行的工业固体废物环境管理是以《中华人民共和国固体废物污染环境防治法》和《一般工业固体废物贮存、处置场污染控制标准》(GB 18599—2001) 等为基础而建立起来的,虽然《中华人民共和国固体废物污染环境防治法》对于工业固体废物的污染防治有明确的法律规定,例如第五条明确了"产品的生产者、销售者、进口者、使用者对其产生的固体废物依法承担污染防治责任",第三十条规定"产生工业固体废物的单位应当建立、健全污染环境防治责任制度,采取防治工业固体废物污染环境的措施",第三十三条规定"企业事业单位应当根据经济、技术条件对其产生的工业固体废物加以利用;对暂时不利用或者不能利用的,必须按照国务院环境保护行政主管部门的规定建设贮存设施、场所,安全分类存放,或者采取无害化处置措施。建设工业固体废物贮存、处置的设施、场所,必须符合国家环境保护标准"。但是,在实际的工业固体废物环境管理过程中,由于侧重于推动其综合利用,因此,对于综合利用过程及其产品的关注都不够,导致综合利用过程污染控制标准和规范、综合利用产品"二次污染"控制标准严重缺失,工业固体废物综合利用存在着环境污染转移的危险。即使综合利用产品符合产品质量标准,但是其环境风险仍需要长期检测评估。

《一般工业固体废物贮存、处置场污染控制标准》(GB 18599—2001) 对于规范我国工业固体废物贮存、处置场环境管理,防止其污染环境发挥了重要的作

表5-2　工业固体废物综合利用、贮存场所综合管理法律法规体系归类分析表

	法　律	产　业　政　策	法规、规章	标准、规范
综合利用	1.《固体废物污染环境防治法》 第三条和第四条　国家鼓励、促进固体废物充分回收和合理利用； 第十四条　综合利用设施应开展环境影响评价； 第三十三条　企业应综合利用项目"三同时"验收。 2.《循环经济促进法》 第十五条、第三十条和第三十二条　企业必须回收利用废弃的产品； 第四十四条　国家对工业固体废物综合利用给予税收优惠。 3.《水土保持法》 第二十八条　生产建设活动中产生的工业固体废物应当综合利用。 4.《环境影响评价法》　第十六条　综合利用项目环境影响评价	1.《矿山生态环境保护与污染防治技术政策》（环发〔2005〕109号）； 2.《关于加快铝工业结构调整指导意见的通知》（发改运行〔2006〕589号）； 3.《铝行业准入条件（2012）》（征求意见稿）； 4.《关于继续对废旧物资回收经营企业等实行增值税优惠政策的通知》（财税字〔1998〕033号）； 5.《国务院批转国家经贸委等部门关于进一步开展资源综合利用意见的通知》（国发〔1996〕36号）； 6.《关于企业所得税若干优惠政策的通知》（财税〔2008〕1号）； 7.《国家税务总局、国家计委关于印发固定资产投资方向"资源综合利用、仓储设施"税目税率注释的通知》（国税发〔1994〕008号）	1.《"十二五"资源综合利用指导意见》和《大宗固体废物综合利用实施方案》（发改环资〔2011〕2919号）； 2.《关于加强矿山生态环境保护工作的通知》（国土资发〔1999〕36号）； 3.《矿产资源监督管理暂行办法》（国土资发〔2003〕17号）； 4.《赤泥综合利用指导意见》（工信部联节〔2010〕401号）； 5.《铝工业"十二五"发展专项规划》（工业和信息化部，2012）； 6.《关于工业副产石膏综合利用的指导意见》（工信部节〔2011〕73号）	1.《污水综合排放标准》（GB 8978—1996）； 2.《一般工业固体废物贮存、处置场污染控制标准》（GB 18599—2001）； 3.《工业固体废物采样技术规范》（HJ 20—1998）； 4.《大气污染物综合排放标准》（GB 16297—1996）； 5.《工业企业厂界环境噪音排放标准》（GB 12348—2008）； 6.《铝工业发展循环经济环境保护导则》（HJ 466—2009）； 7.《铝工业污染物排放标准》（GB25465—2010）； 8.《铜、镍、钴工业污染物排放标准》（GB 25467—2010）； 9.《建筑材料放射性核素限量》（GB 6566—2010）

续表 5-2

贮存场所	法　　　律	法规、规章
规划	1.《固体废物污染环境防治法》： 第三条和第四条　国家鼓励、促进固体废物无害化处置； 第十三条　贮存场所环境影响评价； 第二十二条　选址要求 2.《矿山安全法》第十九条　应当采取预防措施 3.《大气污染防治法》 第十一条　大气污染预防和环境影响评价； 第十六条　选址 4.《水污染防治法》 第十七条　向水体排放污染物的建设项目进行环境影响评价，水污染防治设施"三同时"验收； 第三十三条　禁止向水体排放、倾倒工业废渣； 第三十四条　防止工业固体废物堆放、存贮污染水体； 第三十八条　防止地下工程污染地下水； 第五十八条、第五十九条和第六十条　选址； 5.《环境影响评价法》 第十六条　贮存场所环境影响评价	1.《基本农田保护条例》 第十七条　选址 2.《防治尾矿污染环境管理规定》(2005 年环境保护部令　第 16 号) 第七条　污染防治计划 第九条　遵守建设项目环境保护规定第十二条　选址、污染物排放
	产　业　政　策	标准、规范
	1.《矿山生态环境保护与污染防治技术政策》(环发〔2005〕109 号) 规划、环境影响评价	1.《一般工业固体废物贮存、处置场污染控制标准》(GB 18599—2001)； 2.《尾矿库安全技术规程》(AQ 2006—2005)； 3.《固体废物鉴别导则》(试行)；

续表 5-2

贮存场所	阶段	法律	产业政策	法规、规章	标准、规范
贮存场所	施工	1.《固体废物污染环境防治法》第十四条 贮存场所"三同时"验收		1.《防止海岸工程建设项目污染损害海洋环境管理条例》第十九条 贮存场所采取防止污染损害海洋环境的措施；2.《尾矿库安全监督管理规定》	1.《一般工业固体废物贮存、处置场污染控制标准》(GB 18599—2001) 2.《尾矿库安全监测技术规范》(AQ2030—2010) 3.《尾矿库安全技术规程》(AQ 2006—2005) 4.《尾矿设施施工及验收规程》(YS 5418—1995)
	运行			1.《防治尾矿污染环境管理规定》(2005 年环境保护部令第 16 号)第八条 进行排污申报登记；第十条 尾矿库必须办理人尾矿设施；第十一条 尾矿库必须采取防渗漏措施；第十三条 必须有防流失和生土飞扬的措施；第十四条 加强管理和检查，消除事故隐患。2.《尾矿库安全监督管理规定》第三章 尾矿库运行	《一般工业固体废物贮存、处置场污染控制标准》(GB 18599—2001)
	闲库/封场	1.《固体废物污染环境防治法》第三十四条 关闭、闲置或者拆除贮存场所；第三十六条 贮存设施封场；第七十三条 未按照规定封场的处罚。2.《水土保持法》第三十八条 采取水土保持措施		1.《尾矿库安全监督管理规定》(2011 年国家安全生产监督管理总局令第 38 号)第二十七条 尾矿库回采安全管理	

续表 5-2

		产业政策	法律	法规、规章	标准、规范
贮存场所	闭库／封场			1.《土地复垦条例》 第十条 土地复垦义务 2.《土地复垦条例实施办法》 第二十五条 土地复垦义务 3.《防治尾矿污染环境管理规定》(2005年环境保护部令第16号) 第十七条 尾矿贮存设施停止使用后管理 4.《尾矿库安全监督管理规定》 第二十八条和第二十九条 闭库安全评价和闭库设计； 第三十条 申请报告； 第三十一条 安全设施验收； 第三十二条 安全管理负责	《一般工业固体废物贮存、处置场污染控制标准》(GB 18599—2001)
	复垦／回采	1.《矿山生态环境保护与污染防治技术政策》(环发[2005]109号)			1.《矿山生态环境保护与恢复治理技术规范》(HJ 651—2013)； 2.《土地复垦质量控制标准》(TD/T 1036—2013)
其他			1.《固体废物污染环境防治法》 第三十条 污染防治责任体系	1.《尾矿环境应急管理工作指南（试行)》(环办[2010]138号) 贮存场所环境应急管理	1.《尾矿库安全技术规程》(AQ 2006—2005) 贮存场所应急救援预案

用，但是其存在着较多的不完善之处。例如，该标准未要求贮存场所单独开展环境影响评价，导致多数贮存、处置场均是在主体工程环境影响评价文件中，作为主体工程环境影响评价文件的一部分，这类贮存、处置场的环境影响评价内容和深度均远远不能满足我国环境保护工作的要求，不仅给贮存、处置场的环境管理和污染防治带来极大的困难，更为重要的是由于环境影响评价深度不够，提出的污染防治措施不能满足要求，部分贮存、处置场已产生了渗漏污染，周围环境带来了较为严重的破坏。再例如，该标准对于工业固体废物贮存、处置场施工期的环境管理尚处于真空期，缺乏关于防渗工程的施工质量控制要求和检测要求，导致部分堆场虽然采用了合适的防渗设计，但由于在施工过程中不注意施工质量，未选用合格的材料和未按照相关要求进行防渗层的检测，未能发现问题并及时补救，造成了部分堆场使用后才发现渗漏，带来了一定环境问题，使得治理难度加大。

（2）环境保护管理部门监管能力有待提高。《中华人民共和国固体废物污染环境防治法》第十条明确规定了地方环保部门的责任，"县级以上地方人民政府环境保护行政主管部门对本行政区域内固体废物污染环境的防治工作实施统一监督管理。县级以上地方人民政府有关部门在各自的职责范围内负责固体废物污染环境防治的监督管理工作。"事实上，一方面由于固体废物环境管理相对于水、大气环境管理而言还比较薄弱；另一方面，工业固体废物环境管理相对于危险废物、医疗废物、生活垃圾和污泥而言，又属于薄弱环节。

5.2 对策及建议

5.2.1 原因分析

（1）现有发展模式是典型大宗工业固体废物大量产生的根本原因。以低端加工制造为主的产业结构及其粗放发展模式，导致了对能源、资源的大量消耗，有色金属矿、铝土矿等既是我国经济发展不可或缺的重要资源，也是产生工业固体废物的主要来源。

同时，我国企业的环境成本相对较低，使得大量进口国外的原生资源、大量出口最终产品的经济活动在国内能够有利可图，导致生产过程产生的大量污染物留在了国内，贸易顺差的背后存在巨大的环境逆差。2011 年，我国共进口国外铝土矿 4484 万吨，对外依存度高达 55.5%，但同时当年我国共净出口铝材229.9 万吨，保守估计留在国内约 600 万吨赤泥。

（2）典型大宗工业固体废物环境管理制度的落实缺少行之有效的技术和管理方面的抓手。在国家层面尚未建立完善的能够落实工业固体废物环境管理制度体系，导致工业固体废物在产生、贮存、利用等环节的环境监管存在严重的不足。虽然制订实施了《一般工业固体废物贮存、处置场污染控制标准》（GB

18599—2001），但针对性不强，且未能涵盖贮存、处置场全生命周期的污染防治。另外，在工业固体废物产生企业环境意识比较薄弱的国情下，缺少大宗工业固体废物综合利用和贮存方面的综合污染预防与控制管理技术指南，以指导和帮助产生者实现环境无害化管理。

5.2.2　对策建议

为提升典型大宗工业固体废物环境管理水平，促进其妥善利用和安全贮存，现提出如下的对策建议：

（1）抓住产业优化升级机遇，从源头减少典型大宗工业固体废物产生量。经过三十多年经济赶超发展模式，我国经济正处于增长速度换挡期、结构调整阵痛期叠加阶段。资源相对短缺、环境容量有限已经成为我国国情新的基本特征。内忧外患迫使我国必须转变经济增长方式、促进产业结构调整。在此情形下，改变粗放式生产消费模式、提高企业环境成本，可以从源头减少典型大宗工业固体废物的产生量。

此外，通过资源环境成本优化增长方式，将资源环境成本内部化，充分发挥市场机制作用，是实现产业结构调整的根本出路。运用价格、税收、财政、信贷、收费、保险等经济手段，建立和实施有效的环境经济政策。

（2）将工业固体废物纳入环境保护工作主渠道。大气、水体、土壤污染治理，是国务院确定的本届政府环境保护三项重点工作，也是环境保护促进产业结构调整的重要抓手。2013 年 9 月，由国务院印发的关于印发大气污染防治行动计划的通知（发〔2013〕37 号），将大气污染防治作为转变经济发展方式的重要突破口。与此同时，环境保护部正会同有关部门抓紧编制《清洁水行动计划》和《土壤环境保护和污染治理行动计划》，将尽快由国务院发布。《大气污染防治行动计划》、《清洁水行动计划》和《土壤环境保护和污染治理行动计划》最大的特点就是由国务院发布，从宏观战略层面切入，可以调动各部门和全社会的力量，综合运用各种手段，推动产业结构调整，实现大气、水体、土壤的污染治理。第Ⅱ类一般工业固体废物和铜、铅锌尾矿堆场就是场地污染防治和重金属污染防治的重要内容。

（3）建立部门联动机制，加强信息公开，加强对贮存场所的环境监管。环保部门结合目前正在多部委联合开展的尾矿库综合治理行动，扎实开展尾矿库环境污染隐患大排查和大整治，掌握全国尾矿库的环境管理及其对周围环境的污染现状，有效防范尾矿库环境污染事件的发生。同时，应加强与安监部门合作，实现尾矿库的信息共享，实现安全与环保的联动。此外，应当公开尾矿库的基本信息，加大公众对尾矿库的知情权和监督权。

（4）修订法规、落实制度，制定大宗工业固体废物综合利用与贮存环境管理技术指南。修订完善现行的工业固体废物环境管理法规体系，建立综合利用全过程污染防治体系和贮存场所全生命周期污染防治体系；构建大宗固体废物污染预防与控制综合管理指标体系，分析大宗工业固体废物综合利用全过程和贮存场所全生命周期可能的环境风险及相应的污染防治重点，针对不同的大宗工业固体废物、不同的利用技术和贮存方式，提出具体的环境管理实践，提高环境管理的可操作性和技术水平。

参 考 文 献

[1] 李立清，杨丽钦．浅谈铜资源的综合利用问题[J]．金属矿山．2010(409);169～171．

[2] 周平，唐金荣，等．铜资源现状与发展态势分析[J]．岩石矿物学杂志，201231(5);750～756．

[3] 余良晖，贾文龙，等．我国铜尾矿资源调查分析[J]．金属矿山，2009(398);179～181．

[4] 陈甲斌，王海军，等．铜矿尾矿资源调查评价利用现状问题与政策[J]．国土资源情报，2011(12);14～20．

[5] 戴惠新，张宗华，等．铜尾矿综合利用研究[J]．有色金属（选矿部分），2001(1);38～40．

[6] 傅圣勇，秦至刚．尾矿烧水泥——高效利废、节能环保[J]．中国水泥，2006，11;59～63．

[7] 严旺生．中国锰矿资源与富锰渣产业的发展[J]．中国锰业，2008，26(1);7～11．

[8] 于乾．高炉锰铁矿渣的利用[J]．云南建材，199，1;18～22．

[9] 安庆锋，李红，陈平，等．锰铁矿渣的活性评价及其来源分析[J]．铁合金．2010，211(2);30～32．

[10] 杨林，张洪波，曹建新．硅锰渣理化性质的分析与表征[J]．环境科学与技术，2007，30(2);39～42．

[11] 韩静云，部志海．高炉锰铁水淬矿渣活性的研究[J]．铁合金，2003(4);1～4．

[12] 刘荣进，陈平．水淬锰渣的成分、结构及性能研究[J]．铁合金，2009，42～46．

[13] 冯金煌．磷石膏及其综合利用的探讨[J]．无机盐工业，2001，33(4);34～36．

[14] 田立楠．磷石膏综合利用[J]．化工进展，2002，21(1);56～59．

[15] 胡振玉，王健，张先，等．磷石膏的综合利用[J]．中国矿山工程，2004，33(4);41～44．

[16] 马雷，刘力，杨林，等．磷石膏资源化利用[J]．贵州化工，2004，29(2);14～17．

[17] 马林转，宁平，杨月红，等．磷石膏的综合利用与应重视的问题[J]．磷肥与复肥，207，22(1);54～55．

[18] 杨兆娟，向兰．磷石膏综合利用现状评述[J]．无机盐工业，2007，39(1);8～10．

[19] 张朝．浅析磷石膏的综合利用[J]．化工技术月开发，2007，36(2);54～56．

[20] 匡晓静．800万块/年免烧石膏砖生产工艺的探讨[J]．磷肥与复肥，2003，18(5);51～52．

[21] 车秉政，刘卫平，王晓华．磷石膏制烧结砖的试验研究及工业化应用[J]．磷肥与复肥，2003，18(5);53～55．

[22] 穆惠民，刘勇军．我国新型石膏空心砌块成型机械的应用与发展现状[J]．砌块与墙板，2004，7;61～64．

[23] 朱瀛波，张高科．石膏工业对发展我国新型建材的作用[J]．中国非金属矿工业导刊，1999，12(6);8～9．

[24] 纪罗军，陈强．我国磷石膏资源化利用现状及发展前景综述[J]．硫磷设计与粉体工程，2006(5);5～9．

[25] 纪罗军，陈强. 我国磷石膏资源化利用现状及发展前景综述[J]. 硫磷设计与粉体工程，2006(6):9~20.

[26] 吴雨龙. 磷石膏资源化利用的研究进展[J]. 广州化工，2012，40(12):44~47.

[27] 陈怀满，郑春荣，等. 德兴铜矿尾矿库植被重建后的土壤肥力状况和重金属污染初探[J]. 土壤学报，2005，42(1):29~37.

[28] 林玉山，张卫. 尾矿库地质灾害与危险性评估[J]. 桂林工学院学报，2006，26(4):486~491.

[29] 肖玲，吴建星等. 尾矿库的地质灾害及治理[J]. 有色金属工业科学发展——中国有色金属学会第八届学术年会论文集，2010.

[30] 谢建春，赵娟. 铜尾矿对油菜生长和生理功能的影响[J]. 生态与农村环境学报2009，25(2):74~79.

[31] 房辉，曹敏. 云南会泽废弃铅锌矿重金属污染评价[J]. 生态学杂志，2009，28(7):1277~1283.

[32] 束文圣，蓝崇钰，张志权. 凡口铅锌尾矿影响植物定居的主要因素分析[J]. 应用生态学报，1997，8(3):314~318.

[33] 滕应，黄昌勇，龙健，等. 铅锌银尾矿污染区土壤微生物区系及主要生理类群研究[J]. 农业环境科学学报，2003，22(4):408~411.

[34] F M Romero，M A Armienta，G Gonza' lez-Herna' ndez. Solid-phase control on the mobility of potentially toxic elements in an abandoned lead/zinc mine tailings impoundment, Taxco, Mexico[J]. Applied Geochemistry, 2007, 22: 109~127.

[35] Kwang-koo Kim, Kyoung-Woong Kim, Ju-Yong Kim, et al. Characteristics of tailings from the closed metalmines as potential contamination source in South Korea[J]. Environmental Geology, 2001, 41: 358~364.

[36] 徐宏达. 我国尾矿库病害事故统计分析[J]. 工程建筑，2001，31(1):68~70.

[37] 张培安. 浅谈尾矿库的安全技术管理[J]. 有色矿山，2003，32(2):32~35.

[38] 卢颖，孙胜义. 我国矿山尾矿生产状况及综合治理利用[J]. 矿业工程，2007，5(2):53~55.

[39] 蒋家超，招国栋，赵由才. 矿山固体废物处理与资源化[M]. 北京：冶金工业出版社，2007.

[40] 励衡隆. 西澳赤泥干堆技术开发和实践[J]. 有色金属（冶炼部分），1993(4):42~45.

[41] Orescanin V, Nad K, Mikelic L, et al. Utilization of Bauxite Slag of the Purification of Industrial Wastewaters[J]. Process Saf. Environ. Prot. , 2006, 84B(4):265~269.

[42] 付新峰，尹国勋. 中州铝厂赤泥堆放场对环境的影响及治理对策[J]. 焦作工学院学报（自然科学版），2004，22(2):136~139.

[43] UNEP. Environmental Aspects of Alumina Production Technical Review(First Edition)[M]. Paris, France：Industry and Environment Office, UNEP, 1985, 37~43.

[44] 杨绍文，曹耀华，李清. 氧化铝生产赤泥的综合利用现状及进展[J]. 矿产保护与利用，1999(6):46~49.

[45] 贺深阳，蒋述兴，汪文凌. 我国赤泥建材资源化研究进展[J]. 轻金属，2007(12):

1 ~ 5.

[46] 李小平. 平果铝赤泥堆场的边坡环境问题与治理对策研究[J]. 有色金属（矿山部分），2007，59(2):29 ~ 32.

[47] 姜怡娇，宁平. 氧化铝厂赤泥的综合利用现状[J]. 环境科学与技术，2003，26(1): 40 ~ 42.

[48] Li L Y. A Study of Iron Mineral Transformation to Reduce Red Mud Tailing[J]. Waste Manage., 2001，21(3):525 ~ 534.

[49] Soner A H, Sema A, Fikret T. Arsenic Absorption from Aqueous Solutions by Activated Red Mud[J]. Waste Manage., 2002，22(3):357 ~ 363.

[50] 陈蓓，陈素英. 赤泥的综合利用和安全堆存[J]. 化工技术与开发，2006，35(12): 32 ~ 35.

[51] A E Elsherief. A study of the electroleaching of manganese ore [J]. Hydrometallurgy, 2000, 55: 311 ~ 326.

[52] K L BERG, S E OLSEN. Kinetics of Manganese Ore Reduction by Carbon Monoxide[J]. Metallurgical and materials transactions B, 2000, 31(B):477 ~ 490.

[53] 周长波，于秀玲，周爽. 电解金属锰行业推行清洁生产的迫切性及建议[J]. 中国锰业，2006，24(3):15 ~ 18.

[54] 储学群，张国兴，童小祥. 磷石膏处置标准与磷石膏堆场处置设想[J]. 磷肥与复肥，2008，23(1):24 ~ 26.

[55] 段先前，韦俊发，丁坚平. 贵州某磷石膏堆场渗漏污染评价[J]. 资源环境与工程，2008，22(2):218 ~ 221.

[56] 唐波. 湿法磷酸盐清洁生产新工艺的开发研究探讨[J]. 贵州化工，2005，30(1):5 ~ 8.

[57] 李佳宣，施泽明，唐瑞玲，等. 磷石膏堆场对周围农田土壤重金属含量的影响[J]. 中国非金属矿工业导刊，2010，85(5):52 ~ 55.

[58] 王乐亮. 磷石膏综合利用不可忽视的问题[J]. 中国建材装备，1997，2: 11 ~ 13.

[59] 周连碧. 铅锌矿采选过程中铅污染特征与污染防治的关键技术[C]. 中国有色金属学会第八届学术年会论文集.

[60] 司秀芬，邓佐国，徐廷华. 赤泥提钪综述[J]. 江西有色金属，2003，17(2).

[61] 杨世勇，谢建春，等. 铜陵铜尾矿复垦现状及植物在铜尾矿上的定居[J]. 长江流域资源与环境，2004，13(5):488 ~ 495.

[62] 黄晓燕，倪文，等. 铜尾矿制备无石灰加气混凝土的试验研究[J]. 材料科学与工艺，2012，20(1):11 ~ 16.

[63] 谢建宏，崔长，等. 陕西某铜尾矿资源化利用研究[J]. 金属矿山，2009(394): 161 ~ 165.

[64] 唐达高. 铜尾矿在水泥生产中的应用研究[J]. 中国资源综合利用，2005(10):17 ~ 20.

[65] 曾懋华，颜美凤，奚长生，等. 从凡口铅锌矿尾矿中回收铅锌[J]. 金属矿山，2007 (9):123 ~ 126.

[66] 王淑红，孙永峰. 某铅锌尾矿中锌矿物的回收利用工艺研究[J]. 中国矿业，2009，18 (12):63 ~ 65.

[67] 郭灵敏，许小健. 某铅锌矿尾矿硫铁资源综合回收工艺试验研究[J]. 矿产保护与利用，2011(4):45~48.

[68] 崔长征，缑明亮，孙阳，等. 从铅锌尾矿中回收重晶石的应用研究[J]. 矿产综合利用，2011(3):47~49.

[69] 肖福渐. 某铅锌矿选矿尾矿综合利用试验研究[J]. 湖南有色金属，2003, 19(1):9~11.

[70] 朱建平，宫晨琛，兰祥辉，等. 用铅锌尾矿和页岩制备高 C_3S 硅酸盐水泥熟料的研究[J]. 硅酸盐通报，2006, 25(5):10~16.

[71] 权胜民. 利用铅锌尾矿与晶种作复合矿化剂烧制硅酸盐水泥熟料的试验研究[J]. 云南建材，1999(3):29~31.

[72] 宣庆庆. 铅锌尾矿用于中热水泥的制备[J]. 材料科学与工程学报，2009, 27(2):266~270.

[73] 张平. 铅锌尾矿作矿化剂对水泥凝结时间的影响[J]. 水泥，1996(2):1~7.

[74] 叶绿茵. 锅炉炉渣、铅锌尾矿渣等废渣的利用[J]. 四川水泥，2005(1):12~14.

[75] 李方贤，陈友治，龙世宗，等. 用铅锌尾矿生产加气混凝土的试验研究[J]. 西南交通大学学报，2008, 43(6):810~815.

[76] 王金玲，申士富，叶力佳，等. 某铅锌矿浮选尾矿综合利用研究[J]. 有色金属（选矿部分），2009(3):29~33.

[77] 赵新科. 南沙沟铅锌尾矿综合利用试验研究[J]. 矿产保护与利用，2010(1):52~54.

[78] 廖春发，卢惠明，邱定蕃，等. 从赤泥中综合回收有价金属工艺的研究进展[J]. 轻金属，2003, 10.

[79] incenzoMS, Renzo C. Bauxite red mud in the ceramic industry. Part1：thermal behaviour[J]. Journal of the European Ceramic Society, 2000, (20):235~244.

[80] VincenzoMS, RenmC. Bauxite red mud in the ceramic industry. Part2：production of clay—based ceramics[J]. Journal of the European Ceramic Society, 2000(20):245~252.

[81] ManeeshS, S N Upadhayay. Preparation of iron rich cements using red mud[J]. Cement and Concrete Research, 1997(7):1037~1046.

[82] 杨爱萍. 赤泥粉煤灰砖的研制[J]. 轻金属，1996, 12(8):17~18.

[83] 张培新. 赤泥制作瓷砖黑色颗粒料的研究[J]. 矿产综合利用，2000(3):41~43.

[84] NevinY, VahdettinS. Utilization of bauxite waste in ceramic glazes[J]. Ceramics International, 2000(26).

[85] 黄迎超，王宁，万军. 赤泥综合利用及其放射性调控技术初探[J]. 矿物岩石地球化学通报，2009, 2(28):128~130.

[86] CengelogtuY, Kit E. Ersoz M. Removal of fluoride from aqueous solution by using red mud[J]. Separation and Purifieation Technology. 2002(28):81~86.

[87] AhundoganH S. Ahundogan S, TureenF. Eta1. Arsenic absorption from aqueous solutions by activated redmud[J]. Waste Managexnent, 2002(22):357~363.

[88] Akay G, Keskinlcr B. Cakiei A. Phosphate removal from water by red mud using crossflo—microfihration[J]. Wat. Res, 1998, 32(3):717~726.

［89］ 霍冀川，卢忠远，吕淑珍，等．工业废渣代替粘土生产普通硅酸盐水泥的研究［J］．矿产综合利用，2001，5：36～40．

［90］ 冯云，刘飞，包先诚．电解锰渣部分代石膏作缓凝剂的可行性研究［J］．水泥，2006，2：24～26．

［91］ 冯云，陈延信，刘飞，等．电解锰渣用于水泥缓凝剂的生产研究［J］．现代化工，2006，26(2)：57～60．

［92］ 高松林，冯云，宋利峰，等．电解锰渣替代石膏作水泥调凝剂的试验［J］．水泥技术，2001(6)：75～76

［93］ 关振英．电解锰生产废渣用作水泥生产缓凝剂的研究［J］．中国锰业，2000，18(2)：36～37．

［94］ 刘惠章，江集龙．电解锰替代生产水泥的试验研究［J］．水泥工程，2007(2)：78～80．

［95］ 郜志海，韩静云，宋旭艳，等．激发作用下锰矿渣掺合料对混凝土性能的影响［J］．混凝土与水泥制品，2009(6)：16～19．

［96］ 韩静云，郜志海，宋旭艳．锰渣掺合料对砂浆收缩性能的影响［J］．材料导报，2008，22(1)：115～117．

［97］ Kung-Yuh Chiang, Kuang-Li Chien, Sue-Jean Hwang. Study on the characteristics of building bricks produced from reservoir sediment［J］. Journal of Hazardous Materials, 2008, 159：499～504.

［98］ Pai-Haung Shih, Zong-Zheng Wu, Hung-Lung Chiang. Characteristics of bricks made from waste steel slag［J］. Waste Management, 2004, 24：1043～1047.

［99］ 蒋小花，王智，侯鹏坤，等．用电解锰渣制备免烧砖的试验研究［J］．非金属矿，2010，33(1)：14～17．

［100］ 张金龙，彭兵，柴立元，等．电解锰渣—页岩—粉煤灰烧结砖的研制［J］．环境科学与技术，2011，34(1)：144～146．

［101］ 张杰，练强，王建蕊，等．利用锰渣制备陶瓷墙地砖试验研究［J］．中国陶瓷工业，2006，16(3)：16～19．

［102］ 王勇．利用电解锰渣制取蒸压砖的研究［J］．混凝土，2010，252(10)：125～128．

［103］ 徐风广．含锰废渣用于公路路基回填土的试验研究［J］．中国锰业，2011，19(4)：1～3．

［104］ 王志强，马春，韩趁涛．碳铬渣、硅锰渣微晶玻璃的研制［J］．玻璃与搪瓷，2001，29(6)：16～20．

［105］ 谢显明．电锰渣及其研制品的肥效特效分析［J］．中国锰业，1999，17(4)：46～49．

［106］ 兰家泉．电解金属锰生产废渣对小麦肥效应的研究［J］．中国锰业，1999，15(4)：46～48．

［107］ 兰家泉．电解金属锰生产"废渣"——富硒全价肥的开发利用研究［J］．中国锰业，2005，23(4)：27～30．

［108］ 兰家泉．玉米生产施用锰渣混配肥的肥效试验［J］．中国锰业，2006，24(2)：43～52．

［109］ 徐放，王星敏，谢金连，等．锰尾矿中锰对小麦生长的营养效应［J］．贵州农业科学，2010，38(8)：56～58．

[110] 范小杉，罗宏，路超君，等. 可接受环境风险水平概念的界定及其特征解析[J]. 环境污染与防治，2010(008)：80~84.

[111] 钟政林，曾光明. 环境风险评价研究进展[J]. 江苏环境科技，1997，10(1)：43~46.

[112] Contini S, Servida A. Risk analysis in environmental impact studies [M] //Environmental Impact Assessment. Springer Netherlands, 1992：79~103.

[113] 赵廷宁，武健伟，王贤，等. 我国环境影响评价研究现状，存在的问题及对策[J]. 北京林业大学学报，2001，23(2)：67~71.

[114] 石砚秀，李琴，潘旸，等. 环境风险评价与安全评价危险源辨识的异同[J]. 环境保护科学，2009，35(2)：94~97.

[115] 付在毅，许学工. 区域生态风险评价[J]. 地球科学进展，2001，16(2)：267~271.

[116] Hernando M D, Mezcua M, Fernàndez-Alba A R, et al. Environmental risk assessment of pharmaceutical residues in wastewater effluents, surface waters and sediments[J]. Talanta, 2006, 69(2)：334~342.

[117] S hi P, Yan P, Gao S, et al. The duststorm disaster in China and its research progress[J]. Journal of natural disasters, 2000, 9(3)：71~77.

[118] Juan H, Chaofeng S, Yu Z. Discussion of Some Issues about Environmental Risk Assessment [J]. Environmental Science and Management, 2008, 3：44.

[119] Guang-zhi Yin, Zhang D, Zuo-An W. Testing study on interaction characteristics between fine grained tailings and geosynthetics[J]. Chinese Journal of Rock Mechanics and Engineering, 2004, 23(3)：426~429.

[120] Baumann H, Tillman A M. The Hitch Hiker's Guide to LCA. An orientation in life cycle assessment methodology and application[M]. External organization, 2004.

[121] Kløverpris J, Wenzel H, Nielsen P H. Life cycle inventory modelling of land use induced by crop consumption[J]. The International Journal of Life Cycle Assessment, 2008, 13(1)：13~21.

[122] Frischknecht R, Jungbluth N, Althaus H J, et al. The ecoinvent database：Overview and methodological framework (7 pp)[J]. The International Journal of Life Cycle Assessment, 2005, 10(1)：3~9.

[123] Pfister S, Koehler A, Hellweg S. Assessing the environmental impacts of freshwater consumption in LCA[J]. Environmental Science & Technology, 2009, 43(11)：4098~4104.

[124] 赵辉，陈郁，张树深. 环境管理工具：生命周期清单分析方法[J]. 环境保护，2005，1：4.

[125] Strik J J M H, Honig A, Lousberg R, et al. Efficacy and safety of fluoxetine in the treatment of patients with major depression after first myocardial infarction：findings from a double-blind, placebo-controlled trial[J]. Psychosomatic Medicine, 2000, 62(6)：783~789.

[126] Wreathall J, Nemeth C. Assessing risk：the role of probabilistic risk assessment (PRA) in patient safety improvement[J]. Quality and Safety in Health Care, 2004, 13(3)：206~212.

[127] Saltan M, Saltan S, Şahiner A. Fuzzy logic modeling of deflection behavior against dynamic loading in flexible pavements [J]. Construction and Building Materials, 2007, 21 (7)：

1406～1414.

[128] Saaty T L. What is the analytic hierarchy process? ［M］. Springer Berlin Heidelberg, 1988.

[129] Saaty T L. How to make a decision：the analytic hierarchy process［J］. European journal of operational research, 1990, 48(1):9～26.

[130] 么鸿雁, 张敏, 李涛. 几种环境化学物神经毒性危险评价研究进展［J］. 环境与职业医学, 2005, 22(5):467～470.

[131] U S EPA. Guidelines for Carciroger Risk Assessment, EPA/630/P-03/001F.［R］. Washington DC：2005：1～166.

[132] 中国铜矿资源情况及分布示意图. http：//www. mining120. com/html/0912/20091222_17374. asp.

[133] 数据来源：中国有色金属工业协会.

[134] 黄群, 刘维阁. 江西铜矿资源的主要类型及其开发技术方向. 2002. 矿业研究与开发, 22(6):47～49,(13)1：12～14.

[135] 马少健, 王桂芳, 莫伟. 硫化矿尾矿库周围水土污染调查研究. 有色矿冶, 2005(21)：125～128.

[136] 王少华, 杨吉力, 刘苏明, 等. 白亢辰铜陵狮子山杨山冲尾矿库重金属元素释放的环境效应. 2011. 高校地质学报, 17(1):93～100.

[137] 乐静, 钟松, 汪瀚. 大红山尾矿库环境风险分析及防治措施. 2010. 黄石理工学院学报, 26(4):7～10.

[138] 中国有色金属工业年鉴（2006～2012 年）.

[139] 工业和信息化部. 铝工业"十二五"发展专项规划. 2011 年.

[140] 中国资源综合利用协会. 2009 年度大宗工业固体废物综合利用发展报告［R］.

[141] Xin Sun, Ping Ning, Xiaolong Tang, et al. Environmental risk assessment system for phosphogypsum tailing dams［J］. The Scientific World Journal, 2013(2013).

[142] Xin Sun, Ping Ning, Xiaolong Tang, et al. Simultaneous catalytic hydrolysis of carbonyl sulfide and carbon disulfide over Al_2O_3 – K/CAC catalyst at low temperature［J］. Journal of Energy Chemistry. 2014, 23(2):221～226.

[143] Xin Sun, Ping Ning, Xiaolong Tang, et al. Heavy metals migration in soil in tailing dam region of Shuikoushan, Hunan Province, China［J］. Procedia Environmental Sciences 16 (2012) 758～763.

[144] 孙鑫, 宁平, 唐晓龙, 等. 大宗工业固体废物污染源环境风险评价方法对比分析［J］. 矿冶, 2012, 21(4):97～102.

[145] X Sun, P Ning, X Tang, et al. Environmental Risk Assessment System for Typical Staple Industrial Solid Wastes［J］. Life-of-mine 2012 国际会议.

冶金工业出版社部分图书推荐

书　名	作　者	定价(元)
安全原理	陈宝智　编著	20.00
氮氧化物减排技术与烟气脱硝工程	杨　飏　编著	29.00
分析化学	张跃春　主编	28.00
钢铁冶金的环保与节能	李克强　等编著	39.00
高硫煤还原分解磷石膏的技术基础	马林转　等编著	25.00
合成氨弛放气变压吸附提浓技术	宁　平　陈玉保　等著	22.00
化工安全分析中的过程故障诊断	田文德　等编著	27.00
环境工程微生物学	林　海　主编	45.00
环境污染控制工程	王守信　等编著	49.00
环境污染物毒害及防护	李广科　云　洋　等主编	36.00
环境影响评价	王罗春　主编	49.00
黄磷尾气催化氧化净化技术	王学谦　宁　平　著	28.00
矿山环境工程(第2版)	蒋仲安　主编	39.00
矿山重大危险源辨识、评价及预警技术	景国勋　杨玉中　著	42.00
复杂地形条件下重气扩散数值模拟	宁　平　孙　嶛　等著	29.00
能源利用与环境保护	刘　涛　顾莹莹　等主编	33.00
能源与环境	冯俊小　李君慧　主编	35.00
燃煤汞污染及其控制	王立刚　刘柏谦　著	19.00
日常生活中的环境保护	孙晓杰　赵由才　主编	28.00
生活垃圾处理与资源化技术手册	赵由才　宋　玉　主编	180.00
冶金过程废水处理与利用	钱小青　葛丽英　等主编	30.00
医疗废物焚烧技术基础	王　华　等著	18.00
有机化学(第2版)	聂麦茜　主编	36.00
噪声与电磁辐射	王罗春　周　振　等主编	29.00
大气环境容量核定方法与案例	宁　平　主编	29.00
西南地区砷富集植物筛选及应用	宁　平　王海娟　著	25.00